Gerardo Ceballos, Anne H. Ehrlich y Paul R. Ehrlich

CON ILUSTRACIONES ORIGINALES DE DING LI YONG

LA ANIQUILACIÓN DE LA NATURALEZA

La extinción de aves y mamíferos por el ser humano

OCEANO

LA ANIQUILACIÓN DE LA NATURALEZA
La extinción de aves y mamíferos por el ser humano

Título original: THE ANNIHILATION OF NATURE:
                HUMAN EXTINCTION OF BIRDS AND MAMMALS

© 2015, Johns Hopkins University Press. Todos los derechos reservados.

Publicado según acuerdo con Johns Hopkins University Press,
Baltimore, Maryland

Traducción: Paola Guadarrama, Avril Carranza Kuster
            y Yanet Sepulveda

D. R. © 2021, Editorial Océano de México, S.A. de C.V.
Guillermo Barroso 17-5, Col. Industrial Las Armas
Tlalnepantla de Baz, 54080, Estado de México
info@oceano.com.mx

Primera edición: 2021

ISBN: 978-607-557-292-5

Impreso en México / Printed in Mexico

En memoria de nuestro amigo Navjot Sodhi,
brillante biólogo conservacionista que inició
este viaje con nosotros, pero no pudo acabarlo.

Era el mejor de los tiempos, era el peor de los tiempos,
la edad de la sabiduría, y también de la locura;
la época de las creencias y de la incredulidad;
la era de la luz y de las tinieblas;
la primavera de la esperanza y el invierno de la desesperación.
Todo lo poseíamos, pero no teníamos nada.

Charles Dickens, *Historia de dos ciudades* (1859)

Contenido

Prólogo

LA HUMANIDAD HA DESENCADENADO UN ATAQUE masivo y progresivo contra todos los seres vivos de la Tierra. El propósito del presente libro es mostrar esta devastación enfocándose en la pérdida de los animales con los que las personas están más familiarizadas: las aves y los mamíferos.

Las raíces de esta destrucción tienen un origen antiguo. Desde hace aproximadamente 10 mil años la cacería y otras actividades humanas llevaron a numerosas poblaciones de fauna al borde de la extinción. Sin embargo, la agresión actual hacia los animales, plantas y microorganismos ha alcanzado niveles tan horrendos, que cualquier alerta que emitamos será demasiado tenue en comparación con la tragedia que está ocurriendo. La alarma debe amplificarse. Es necesario escuchar estas historias, conocer lo que está ocurriendo y exigir un cambio.

A partir del siglo XX la población y las capacidades tecnológicas de *Homo sapiens* aumentaron espectacularmente, acelerando la extinción de especies y precipitando lo que ahora se conoce como la sexta extinción masiva. El nombre de este fenómeno se debe a que las acciones humanas están devastando el mundo vivo de manera similar o incluso mayor que las últimas cinco extinciones masivas que pusieron fin a periodos geológicos de la historia profunda de nuestro planeta. Las cinco extinciones pasadas (descritas en el capítulo 2) fueron causadas por eventos naturales que eliminaron hasta 90 por ciento de la flora y la fauna de la Tierra, y no tenían relación con las acciones de una sola especie supuestamente inteligente. Después de cada una de ellas, la vida se recuperó a lo largo de millones de años y produjo una nueva variedad de formas de vida. El último gran evento de extinción ocurrió hace 65 millones de años, mucho antes de que el primer ancestro humano erguido y de cerebro pequeño colonizara las sabanas africanas.

Solamente existen cerca de cincuenta periquitos de vientre naranja en estado silvestre.

El exterminio que está ocurriendo en la actualidad no es igual a los anteriores, ya que hay suficientes evidencias para afirmar que es inducido por el humano y sin duda tendrá consecuencias serias para nuestra civilización. Esta ola de extinciones es la primera en ocurrir desde la evolución de *Homo sapiens* y avanza rápidamente en todos los rincones del planeta debido al exitoso poblamiento y dominio del mundo por nuestra especie. Este fenómeno también podría ser el presagio del fin de nuestra civilización, porque las especies amenazadas de plantas, microorganismos y animales no son solamente nuestras únicas compañeras en el universo: también son piezas fundamentales de los sistemas vitales de los cuales dependemos.

La crisis actual de extinción y los riesgos que implica para la humanidad son bastante claros para los científicos desde hace tiempo, pero han sido ignorados e incluso ridiculizados por los gobiernos. Las impresionantes estadísticas sobre el número de especies extintas y de poblaciones desaparecidas no parecen tener en ellos el impacto emocional que sí tienen en los que estamos familiarizados con la degradación de la naturaleza. A fin de cuentas, es una situación similar a la que experimentamos cuando nos enteramos de la muerte violenta de miles de extraños: aunque es lamentable no se compara con el impacto emocional que sentimos cuando fallece un ser querido.

Por ello, si queremos ganar apoyo para las iniciativas de conservación de biodiversidad y de los servicios naturales esenciales para la humanidad, es necesario comunicar al público y a los políticos el lado emocional de lo que ocurre con la naturaleza. En otras palabras, hacer evidentes los puentes entre la situación imperante y el bienestar del ser humano. Por ende, más allá de presentar estadísticas, lo que buscamos con este libro sobre las extinciones de aves y mamíferos, que son los grupos con los que más empatizamos, es precisamente generar un vínculo.

Esperamos, estimado lector, que puedas conectarte con el destino de la última guacamaya de Spix silvestre, un macho que buscó pareja, infructíferamente, hasta que desapareció de la sabana brasileña en el año 2000. También esperamos que te interese el ornitorrinco —un mamífero raro, maravilloso y venenoso— y que podamos ayudarte a comprender la tragedia que representaría la pérdida del poco conocido y escaso gorila occidental del río Cross.

Este libro describe los horrores que han sufrido muchas especies de aves y mamíferos, así como las amenazas a las que se enfrentan muchas más en situación de peligro. Nuestro propósito es familiarizarte con las historias de nuestros parientes emplumados y peludos: especies que el humano ha borrado de la Tierra o están en vías de desaparecer. Queremos transmitirte lo maravillosas que eran y son estas criaturas para que te unas a detener este exterminio biótico.

No es necesario que seas un biólogo profesional para contribuir a esta causa. De hecho, en los años treinta del siglo pasado el gran naturalista americano Aldo Leopold promovió la observación de vida silvestre como un pasatiempo atractivo, interesante y significativo para cualquier persona sin estudios especializados. Un caso más contemporáneo es el de Marj Andrews de Queensland, Australia. Esta asombrosa mujer ha impresionado a los biólogos que estudian el mielero de Hindwood (*Bolemoreus hindwoodi*), una pequeña ave descrita hace apenas 30 años y cuyo rango de distribución es muy reducido. Marj, ahora de más de 80 años, llevó a cabo meticulosas observaciones sobre esta ave conforme distintas áreas de su hábitat fueron deforestadas y convertidas en granjas o en minas a cielo abierto. Ella compiló un registro invaluable acerca de la biología del mielero y del destino de otras aves de la región que se encuentran bajo la presión de las actividades humanas. Muchos aficionados, al igual que Marj, están contribuyendo al conocimiento científico de la biodiversidad de la Tierra y esperamos reclutar más personas interesadas en hacerlo.

En el libro hacemos primero una descripción de la extensa biodiversidad macroscópica (visible) de la Tierra, de los diferentes tipos de plantas y animales con los que compartimos este planeta y ponemos énfasis en los que lo hacen habitable para los humanos. Es preciso mencionar que intentamos presentar los contenidos con el mínimo lenguaje técnico posible, por lo que usamos principalmente nombres comunes. Por eso incluimos en el apéndice una lista completa de los nombres científicos. Al tener acceso a los nombres científicos es más fácil aprender sobre algunas criaturas en particular. La búsqueda en línea de los nombres científicos también puede ser útil en la mayor parte de los casos.

Al final del libro agregamos algunas lecturas recomendables con breves anotaciones para cada capítulo. Las medidas y pesos de las especies se basan en el sistema métrico decimal; en la versión en inglés se incluyeron las medidas en sistema métrico inglés, pero aquí por cuestiones prácticas hemos eliminado esa

información. Finalmente, en este libro utilizamos la palabra "descubrir" para aquellas especies identificadas por los científicos por primera vez, aunque es un hecho que muchos grupos indígenas y campesinos ya sabían bastante sobre ciertas especies antes de que el primer naturalista o explorador occidental colectara un espécimen.

Una nota especial. Hemos dedicado este libro a nuestro amigo y colega el profesor Navjot Sodhi, un biólogo conservacionista que fue un líder en el sur de Asia. Navjot empezó este libro con nosotros, pero murió a la edad de 49 años, después de contribuir sustancialmente a este esfuerzo. Acabar este libro sin su experiencia ni su famoso sentido del humor fue una tarea triste. Sin duda, el mundo extrañará sus valientes esfuerzos para salvar a la biodiversidad. Las regalías de la publicación en inglés se donaron al Fondo Conmemorativo Navjot Sodhi, en el Laboratorio Biológico de las Montañas Rocallosas en Crested Butte, Colorado, para continuar apoyando el trabajo de jóvenes biólogos conservacionistas. Las regalías de la edición en español se donarán a la conservación de especies en México.

Agradecimientos

ESTAMOS EXTREMADAMENTE AGRADECIDOS CON nuestros amigos y colegas que participaron en las discusiones, comentarios y revisiones de este libro. Estamos particularmente en deuda con Anthony Barnoski, Daniel Blumstein, Rodolfo Dirzo, Michael Donohue, Daniel Karp, Rodrigo Medellín, Stuart Pimm y Jai Ranganathan por revisar y comentar los primeros borradores de capítulos, así como con tres revisores anónimos que ayudaron a pulir los contenidos. También estamos agradecidos con Gretchen Daily, Jared Diamond, Rurik List, Jack Liu, Chase Mendenhall, Robert Pringle, Graham Pyke y Jonathan Rossouw por sus observaciones en asuntos específicos. Ding Li Yong amablemente realizó las ilustraciones de especies extintas. Scott Altenbach, Claudio Contreras Koob, Peter Harrison, John Hessel, Jack Jeffrey, Frans Lanting, Susan McConnell, Alexander Pari, Roberto Quispe, Roland Seitre, Lynn M. Stone y Jorge Urbán nos permitieron bondadosamente incluir sus magníficas fotos. Lourdes Martínez y Jesús Pacheco amablemente nos ayudaron con el apéndice y el índice. Maria DenBoer realizó una edición puntual y meticulosa. La Universidad Nacional Autónoma de México (por medio de la DGAPA) ha apoyado el trabajo de Gerardo Ceballos, quien está muy agradecido con dicha institución. Anne y Paul Ehrlich están en deuda con Peter y Helen Bing, Larry Condon y Wren Wirth que han hecho posible su trabajo. Finalmente queremos expresar nuestra profunda gratitud a nuestro editor Vincent Burke por su dedicación y ayuda en cada etapa de este proyecto.

En la edición en español queremos agradecer el apoyo de Paola Guadarrama, Avril Carranza Kuster y Yanet Sepulveda en la traducción y corrección, a Xitlali Aguirre por su apoyo en la revisión final del manuscrito y a Pablo Martínez Lozada por su apoyo invaluable en la publicación.

Las selvas tropicales son los ecosistemas más diversos de la Tierra. En ellas, millones de especies de plantas, animales y microorganismos —la mayoría desconocidos para la ciencia— conviven en complejas redes de interacciones, las cuales se encuentran sumamente amenazadas por las acciones humanas.

1. EL LEGADO

En algún lugar de nuestro inmenso, frío y poco comprendido universo, donde hay más estrellas que todos los granos de arena en el mar, podría haber vida. Empero la vida, hasta lo que sabemos, podría ser exclusiva de la Tierra, un planeta fascinante. La Tierra tuvo su origen hace aproximadamente 4,600 millones de años, cuando se condensó a partir de polvo y gas interestelar gracias a procesos cósmicos complejos. Mil millones de años después la vida microscópica ya estaba establecida en los océanos, aunque los eventos que dieron origen a la vida siguen siendo poco entendidos.

Si bien desde la antigua Grecia los humanos han estado interesados en la vida primitiva, no fue sino hasta mediados del siglo XX que se desarrolló la tecnología que permitió datar fósiles con eficacia. Antes de ese siglo, la datación más precisa de vida temprana en la Tierra rondaba en alrededor de mil millones de años. Sin embargo, en 1983 un grupo de científicos descubrió en Warrawoona, al noroeste de Australia, estromatolitos fósiles, que albergaban fósiles de bacterias filamentosas de aproximadamente 3,500 millones de años de antigüedad. Los estromatolitos son estructuras formadas a partir de la fijación de carbonato de calcio por microorganismos, principalmente cianobacterias (procariontes verde-azules). Aunque sabemos ahora que en efecto la vida surgió hace mucho tiempo, es posible que su origen sea aún anterior a 3,500 millones de años, ya que las bacterias mencionadas eran pluricelulares; es decir, formadas por varias células, lo que indica que ya habían evolucionado de manera significativa a partir de sus ancestros bacterianos unicelulares. En la actualidad existen estromatolitos vivos en aguas marinas someras de lugares como Baja California, México, y en el oeste de Australia.

La diversidad de la vida se ha desarrollado bastante desde que esos minúsculos y poco conocidos organismos fosilizados evolucionaran en los millones de especies de plantas, animales, hongos y microorganismos que ahora existen. Actualmente, las selvas tropicales y los arrecifes de coral contienen las reservas más abundantes de especies de la Tierra. La riqueza biológica en ambos ecosistemas es extraordinaria. Por ejemplo, una hectárea de selva cercana a Iquitos, Perú, tiene aproximadamente 150 especies de árboles, mientras que cinco hectáreas de selva en Borneo tienen cerca de mil especies de árboles. En contraste, en todo Norteamérica y el norte de México, región que cubre casi 3 mil millones de hectáreas, existen menos de mil especies de árboles. No es ninguna sorpresa, con base en esos patrones, que las ideas de Charles Darwin y Alfred Russel Wallace, quienes desarrollaron la teoría de la evolución biológica por selección natural, estuvieran inspiradas en la diversidad de vida que vieron en las regiones tropicales.

En las selvas tropicales los animales son mucho más difíciles de observar que las plantas; de hecho, ver alguno es cuestión de suerte. Sin embargo, en términos de diversidad, los animales invertebrados son mucho más numerosos que las mismas plantas. Los invertebrados son aquellos animales que no tienen columna vertebral, como los crustáceos, los calamares, los pulpos e incontables criaturas de los océanos. En tierra, el grupo más conocido de invertebrados es el de los insectos. La diversidad y abundancia de insectos tropicales es legendaria: un solo árbol en la región amazónica puede albergar cientos de especies de escarabajos y más especies de hormigas que toda Gran Bretaña. Esta abundancia recuerda una famosa frase atribuida al científico J. B. S. Haldane. En una ocasión un teólogo le preguntó sobre lo que sus estudios de biología le habían revelado acerca de la mente del Creador. Haldane respondió que el Creador debía de tener una "extraordinaria afición por los escarabajos". Como la respuesta de Haldane sugiere, los insectos

son el grupo de animales más diverso, con más de un millón de especies conocidas y miles más descubiertas por los científicos cada año.

Por increíble que parezca, sin embargo, todavía estamos lejos de tener una idea burda del número total de especies de plantas, animales y microorganismos que habitan el planeta, aunque alrededor de 2 millones de especies ya han sido descritas. Los cálculos recientes del número total de especies en la Tierra oscilan entre unos cuantos millones hasta más de 100 millones de especies y, en los últimos años, algunos científicos han valorado este número en miles de millones. Esto depende hasta cierto punto de la definición de "especie" y de cómo se considera a los microorganismos (incluyendo los virus), que es un tema de amplia discusión entre los científicos.

Pero independientemente de la definición de especie y el número exacto de ellas, la diversidad de organismos es verdaderamente sorprendente. A diferencia de lo que la mayoría de las personas creen, el descubrimiento de nuevas especies es bastante común, especialmente de peces, plantas, invertebrados y microorganismos. Una recopilación del Instituto Internacional de Exploración de Especies en la Universidad Estatal de Arizona encontró que en el año 2007 se descubrieron 18,516 especies a nivel mundial, lo que en promedio representa el descubrimiento de 50 especies al día, y es equivalente en conjunto a cerca de 1 por ciento de todas las especies descritas. De manera similar, los resultados del primer censo de vida marina fueron anunciados a finales del año 2010, una década después de su lanzamiento. Los científicos participantes en ese estudio han descrito más de 1,200 especies y más de 5 mil especies están aún en proceso de ser descritas. En otro esfuerzo de una década, en la cuenca del río Mekong en la península de Indochina, se descubrieron más de mil nuevas especies de animales y plantas, mientras que los científicos

Es sorprendente que en la última década más de 500 especies de mamíferos hayan sido descubiertas y descritas por los científicos. Estamos en una nueva época de oro en el descubrimiento científico, en la que organismos antes desconocidos están saliendo a la luz en todo el mundo. Por desgracia muchos de ellos se encuentran en regiones altamente amenazadas y destrozadas por la destrucción de los hábitats. Dos ejemplos de estos descubrimientos son un primate nocturno *(arriba)* y la rata inca "extinta" *(abajo)*.

del proyecto Amazonas Vivo (Amazon Alive) —llevado a cabo en la cuenca del Amazonas— descubrieron entre los años 1999 y 2009 un increíble número de nuevas especies, entre ellas 637 plantas, 257 peces, 216 anfibios, 55 reptiles, 16 aves, 39 mamíferos y miles de invertebrados como insectos, arañas y lombrices.

Miles de formas de vida han sido descubiertas en los lugares más inconcebibles. Por ejemplo, se han descubierto bacterias termófilas, es decir, que soportan temperaturas altas extremas, prosperando a temperaturas cercanas a los 140 grados Celsius, mucho mayores al punto de ebullición del agua. Estas bacterias viven en lugares como los géiseres del Parque Nacional Yellowstone en Estados Unidos de América y en las chimeneas hidrotermales del fondo oceánico del Pacífico. El hallazgo de estas bacterias puso en duda la noción de que los organismos no podían sobrevivir a altas temperaturas debido a la desnaturalización de las proteínas, que implicaría la pérdida de la forma y la función de las células que los integran. El descubrimiento del mecanismo fisiológico con el cual las bacterias mantienen sus proteínas intactas a altas temperaturas podría contribuir a hallar maneras de prevenir muertes a causa de fiebres altas. Otras bacterias, microorganismos e invertebrados igualmente peculiares han sido encontrados en lugares como las rocas infértiles de la Antártida, en los suelos oceánicos a miles de metros de profundidad y en profundidades en minas a 1.3 kilómetros bajo la superficie. Estos, por mencionar algunos, son de los lugares más extraños donde podemos encontrar vida.

El descubrimiento de nuevas especies, incluyendo a mamíferos y aves, ocurre alrededor de todo el mundo. Sin embargo, la mayoría de los descubrimientos se dan en regiones tropicales, en las cuales existen muchos sitios clave para especies recién descubiertas. En los bosques tropicales del sureste asiático y Oceanía, los cuales se extienden desde Birmania, Vietnam y Camboya hasta las islas de Borneo y Papúa Nueva Guinea, se han hecho importantes descubrimientos en las ultimas décadas. En África algunos sitios especialmente importantes para el descubrimiento de especies incluyen las montañas y bosques de Kenia y Tanzania, la cuenca del Congo y la isla de Madagascar. En América, los científicos que trabajan en la cuenca del Amazonas y en las estribaciones de los Andes han descubierto muchas especies interesantes.

En una de nuestras investigaciones documentamos que cerca de 10 por ciento de todas las especies de mamíferos (más de 400) fueron descritas en la última década. Como uno esperaría, la mayoría de esas especies eran pequeñas como roedores, musarañas y murciélagos. Sin embargo, sorprendentemente hubo también muchas especies grandes y carismáticas, incluyendo a más de 60 especies de primates, como el capuchino rubio descubierto en 2006 en la región de Pernambuco, al noreste de Brasil. La población entera de este capuchino consistía en menos de 20 individuos, los cuales se encontraban restringidos a un área de bosque remanente de 200 hectáreas rodeado por plantaciones de caña de azúcar en un paisaje de agricultura extensiva. Ahora se estima que existen 500 individuos. Además de ese capuchino, muchas otras especies nuevas de monos, como el tití plateado, se descubrieron en Brasil en la última década.

El macaco de Arunachal fue descrito en la India en el 2004. Esta especie fue hallada en las faldas del Himalaya, a una altitud de 3,500 metros, lo que representa uno de los registros de primates a mayor elevación sobre el nivel del mar. El kipunyi, un nuevo género y especie de primate, fue descubierto en las montañas Rungwe de Tanzania en el año 2007, lo que significó el descubrimiento del primer género de primate en 83 años. Otras especies de primates descubiertas en 2010 incluyen el tití del Caquetá de las selvas de Colombia, el gibón de mejillas beige del norte de las selvas de la

El lémur ratón nocturno, el aye-aye y otros lémures están restringidos a los bosques de Madagascar. A pesar de tener colas de 25 centímetros de largo, son actualmente los miembros más pequeños de nuestro propio orden, el de los primates. Madagascar es uno de los lugares de la Tierra más devastados ecológicamente, por lo que no es sorpresa que la destrucción de sus bosques esté llevando a muchos lémures al borde de la extinción.

cordillera Annamita en Vietnam, Laos y Camboya, y tres especies de loris perezosos, que destacan por su mordida venenosa gracias a una toxina que secretan las glándulas de sus codos, que lamen y mezclan con saliva. Uno de los primates más bellos recientemente descubiertos, descrito en 2010, es el bello mono chato de Birmania que vive en el noreste de Myanmar y el sur de China, y con una población de no mas de 400 individuos está en serio peligro de extinción.

Nuevas especies de ballenas, zorros voladores, musarañas, gerbos, perezosos pigmeos, monos, civetas y muchos otros tipos de mamíferos han sido encontrados tanto en lugares remotos como no tan remotos alrededor del mundo. Uno de los descubrimientos más notables fue el de una nueva familia de roedores,

similar en apariencia a las ardillas. Los primeros especímenes conocidos para la ciencia occidental fueron comprados en un mercado local en Laos, donde eran vendidos como alimento. La nueva especie pertenecía a la familia de roedores *Diatomyidae*, conocida hasta ese momento sólo por fósiles con una edad de 11 millones de años. Este caso es un ejemplo del llamado *efecto Lázaro*, el cual sucede cuando se descubre que un organismo conocido solamente en el registro fósil sigue vivo.

A los descubrimientos en campo se agregan los de laboratorio. Estudios genéticos recientes han revelado nuevas sorpresas, incrementando el número de mamíferos conocidos. Por ejemplo, los elefantes de bosque y los elefantes de sabana en África ahora son conside-

rados diferentes especies, así como los dos tipos de orangutanes y los dos tipos de pantera nebulosa que habitan en las islas vecinas de Sumatra y Borneo. Efectivamente, la diversidad de mamíferos podría ser de alrededor de 8 mil especies, a pesar de que hasta ahora se reconozcan sólo cerca de 5,500.

Por su parte, las aves son un poco más fáciles de observar y, siendo el centro de atención de ornitólogos y observadores de aves, están mejor monitoreadas que los mamíferos. Por ello tenemos un cálculo más preciso del número actual de especies de aves, el cual es de más de 11 mil. Aun así, aproximadamente 100 nuevas especies han sido descritas desde 1991. En una fascinante exploración del bosque tropical del Amazonas en Brasil, los científicos encontraron dos nuevas especies de aves, llamados el loro calvo (también llamado loro de cabeza naranja) y el halcón críptico selvático. En Colombia, la Sierra Nevada de Santa Marta, completamente aislada de otras montañas por un mar de selva baja tropical, posee 32 especies endémicas de aves, muchas de ellas recién descubiertas o redescubiertas.

Los descubrimientos se dan en todos los confines del planeta. En la India un astrónomo y pajarero amateur descubrió a la primera ave en más de 50 años en este país: una pequeña y colorida cotilla. Conocida como el charlatán bugun, esta pequeña ave habita los bosques del Santuario de Vida Silvestre Eaglenest, en el estado de Arunachal Pradesh, cerca de la frontera con China. El astrónomo observó al ave por primera vez en 1995, pero no fue sino hasta 2006 que la especie fue reconocida oficialmente. Desafortunadamente, es posible que esta nueva especie no sobreviva por mucho tiempo, ya que las tres únicas poblaciones conocidas cuentan con sólo unos 200 individuos. Recientemente, ¡21 especies nuevas de vistosas y hermosas aves se han descubierto solamente en Indonesia!

Hace unos años se descubrió que el elefante de bosque africano es taxonómica y ecológicamente distinto al conocido elefante de sabana. Aunque pesa tres toneladas (2.7 toneladas métricas) o más, el elefante de bosque es el más pequeño de las tres especies de elefantes que existen en la actualidad. Esta especie perdió 60 por ciento de su población en la primera década del siglo XXI, y está disminuyendo drásticamente en su nativa África central debido a amenazas como la caza furtiva para marfil y alimento, la débil aplicación de leyes de protección y la pérdida de su hábitat. En mayo de 2013, 26 elefantes de bosque fueron asesinados en el claro de Dzanga, famoso por ser un lugar de reunión de elefantes; su marfil financió las operaciones militares de un grupo rebelde de la región.

La tangará de mejillas negras de Santa Marta sólo se encuentra en la Sierra Nevada de Santa Marta en Colombia. Por el momento no está considerada en peligro de extinción, pero su restringido rango geográfico la coloca como una especie de interés. Las tangarás son un grupo de varios cientos de especies del hemisferio occidental y la gran belleza de los machos los vuelve atractivos para actividades de ecoturismo. Aún son comunes en los trópicos de América, donde viven alimentándose de frutos, semillas e insectos.

El colorido charlatán y todas las demás especies que habitan este planeta son un legado. Estas especies se nos han otorgado como se otorgan los bienes de valor en un testamento y, como cualquier herencia, si éstos son apreciados o despreciados, dependerá enteramente de lo que haga el receptor con ellos. Si nuestro futuro es el mismo que nuestro pasado, el desperdicio triunfará y, si continuamos en el camino de la destrucción, entonces, como señaló el famoso biólogo E. O. Wilson, estamos sumergidos en un absurdo tan grande que nuestros descendientes jamás nos perdonarán. Sin embargo, la destrucción del legado de la biodiversidad no está predeterminada. En este libro presentamos a los dos embajadores más populares de la biodiversidad, aves y mamíferos, para mostrar los caminos que hemos tomado y las opciones que tenemos, ya sea hacia la conservación o hacia la aniquilación de la naturaleza.

Nuestra esperanza, querido lector, es que al finalizar este libro te sientas tan conectado con estos seres y tan indignado por lo que se les ha hecho, que el destino logre cambiar su rumbo y la extinción masiva que está desenvolviéndose pueda detenerse. Las imágenes que hemos escogido y el lenguaje que utilizamos tienen como fin estimular tus pensamientos y sentimientos para desencadenar en ti la necesidad de actuar.

Nosotros hemos visto algunas de estas magníficas criaturas en su hábitat nativo, sólo para regresar años más tarde y encontrar a los mamíferos enjaulados, a las aves desaparecidas y a los paraísos arruinados. A lo largo del libro compartimos contigo nuestras mejores y peores experiencias, con la esperanza de poder transmitir nuestros sentimientos de tristeza, pérdida, frustración, fascinación y esperanza para que nuestra medicina, amarga y dulce a la vez, pueda ser la cura.

Una tormenta eléctrica en el desierto de Baja California, al norte de México, nos recuerda la gran fuerza de la naturaleza que ha conducido la vida en la Tierra a lo largo de miles de millones de años. En épocas pasadas, cataclismos naturales fueron la causa de las primeras cinco extinciones masivas catastróficas; ahora nosotros somos la causa de la sexta extinción masiva.

2. EXTINCIONES NATURALES

UN EXTRAORDINARIO EVENTO PLANETARIO OCURRIÓ el 22 de marzo de 1989 cuando un asteroide, tres veces más grande que una cancha de futbol, casi colisionó con la Tierra. El asteroide pasó por el lugar exacto donde el planeta se encontraba pocas horas antes. Si hubiera colisionado con la Tierra, el impacto se habría sentido como una explosión simultánea de 1,000 a 2,500 bombas de hidrógeno de un megatón. Ésta fue la diferencia entre una corta noticia de la tarde y la muerte de millones de personas, sin mencionar los daños a la infraestructura humana y a la diversidad biológica. En otras palabras, este evento habría significado el episodio más reciente de una extinción masiva natural; gran parte de la superficie del planeta habría sido, por mucho tiempo, un lugar inhabitable.

En otras épocas la vida corrió con menos suerte. Los paleontólogos dividen la historia de la Tierra en periodos, que son marcados por cambios ambientales que produjeron cambios abruptos en la composición de especies fósiles. Así, la división entre el Precámbrico y el Cámbrico, hace 600 millones de años, se caracteriza por un cambio abrupto de organismos marinos microscópicos a formas de vida macroscópicas, más complejas como los trilobites, parientes extintos de los insectos y cangrejos actuales. Estas transiciones han sido asociadas con desastres naturales que causaron una perturbación catastrófica y extensa, que provocó la extinción de un enorme número de especies de plantas y animales en relativamente poco tiempo, lo que cambió el curso de la evolución.

Estos eventos catastróficos se conocen como extinciones masivas. Las cinco olas de extinción más grandes ocurrieron en los últimos 600 millones de años. Estas olas se desenvolvieron rápidamente (en tiempos geológicos) por causas naturales tales como la actividad volcánica extensiva y prolongada que provocó un enfriamiento global del clima; los periodos rápidos de calentamiento; o los impactos de meteoritos. Aun así, los efectos de estos eventos no fueron uniformes pues, aunque algunos grupos grandes de especies se extinguieron, otros permanecieron en su mayoría intactos. Después de cada pérdida de biodiversidad la Tierra requirió millones de años para ver restablecida una abundancia similar.

El suceso de extinción masiva más reciente marcó la transición del Cretácico al Terciario (conocida como el límite KT en inglés), que ocurrió aproximadamente hace 66 millones de años. Este evento aniquiló a casi todos los dinosaurios que dominaban el planeta. Se calcula que cerca del 70 por ciento de todas las especies existentes desapareció en unos cuantos miles de años; sin duda un evento de extinción de magnitudes gigantescas. En cuanto a los dinosaurios, solamente sobrevivieron los ancestros de las aves actuales, legado que nos fascina hasta la actualidad.

Los debates sobre el límite KT quizá nunca terminen, pero en general, su causa es atribuida a un meteorito masivo que impactó con la Tierra en lo que posteriormente se convertiría en la península de Yucatán, cerca del golfo de México. Hoy, al observar el tranquilo oleaje una tarde de otoño de esta región, sería difícil imaginar la fuerza brutal de una colisión que vaporizó toda la vida a zona cero. El asteroide seguramente cruzó la atmósfera en un segundo, mientras calentaba el aire frente a él a una temperatura mayor que la del Sol. Cuando impactó, el asteroide debió haberse vaporizado. Al mismo tiempo, partículas de rocas fueron arrojadas a miles de kilómetros en el espacio y ondas gigantescas de choque debieron atravesar la roca madre sólo para regresar a la superficie y lanzar cúmulos de roca derretida hacia la Luna.

Algunos de los materiales producto del impacto se elevaron hasta la mitad de la distancia entre la Luna y la Tierra, y debieron bajar en forma de lluvia de escombros de miles de meteoritos, lo que sin duda

generó numerosos incendios que posiblemente duraron semanas o meses y se extendieron en áreas enormes. Los terremotos, derrumbes y tsunamis resultantes de la catástrofe se sumaron a la devastación.

Ya sea que la descripción anterior sea cierta o no, lo que sí sabemos es que todos los animales terrestres con un peso mayor a 18 kilogramos, incluidos los dinosaurios, se extinguieron. Mientras tanto, un discreto grupo de pequeños animales de apariencia extraña y cuerpos cubiertos de pelo comenzó a salir a la luz. Posteriormente, después de millones de años, los mamíferos se diversificaron en los miles de especies que hoy conocemos y se convirtieron en uno de los grupos más exitosos de la Tierra.

Las extinciones también ocurren entre los episodios de extinciones masivas, pero a tasas mucho más bajas. Ésta es la diferencia entre las extinciones

El oso pardo, llamado oso gris en Norteamérica, no se encuentra en peligro de extinción. Su área de distribución actual es sólo en Canadá y Estados Unidos en Norteamérica y el norte de Eurasia. En otras épocas estaba distribuido desde México hasta Alaska y del norte de Europa y Rusia hasta el norte de África. Pero su distribución se ha contraído considerablemente. Su población en Rusia se ha reducido a la mitad en dos décadas y poblaciones pequeñas se encuentran amenazadas por la caza ilegal para obtener sus garras o sus vesículas. Estas crías, como nuestros propios nietos, se enfrentan a un futuro muy incierto.

Las cebras de Grévy solían estar ampliamente distribuidas, pero ahora están confinadas al Cuerno de África (que incluye a Kenia y Etiopía). El declive extremo de este hermoso pariente de la cebra común es atribuido a su restringido acceso a alimento y agua, pues éstos son acaparados por las poblaciones humanas y sus animales domésticos. La caza por la piel, la carne o el valor médico imaginario de algunas partes de su cuerpo también ha contribuido a su desaparición.

masivas y las extinciones normales o de fondo. A raíz del continuo proceso de la selección natural sobre las poblaciones y ambientes, nuevas especies aparecen mientras que otras se extinguen como consecuencia de los constantes cambios. Cuando la última población de una especie se extingue, la especie misma desaparece. En otras palabras, todos estos eventos son perfectamente naturales, pues la Tierra ha estado siempre en un proceso de cambio gradual: las placas tectónicas mueven a los continentes, lo que causa que su clima cambie, así como la actividad volcánica puede alterar el clima de todo el planeta. Las montañas se erosionan, los glaciares van y vienen, nueva tierra aparece y otra se hunde en los océanos. Nuevos tipos de depredadores coevolucionan junto con las nuevas especies de presas, mientras que los oponentes que no logran adaptarse desaparecen. Al final, el cambio continuo es el estado natural del mundo, aunque sus transformaciones son tan lentas que pasan desapercibidas para los humanos.

En los últimos 65 millones de años, desde la quinta extinción masiva, las tasas han sido las de fondo o normales. Desde el espacio, la Tierra parece ser un lugar pacífico que de vez en vez es sacudido por erupciones volcánicas, terremotos o tsunamis. Sin

EXTINCIONES NATURALES   29

embargo, actualmente la tasa de cambio está acelerándose. El incremento se debe al constante aumento del número de especies en extinción, el cual supera evidentemente los niveles compensatorios de surgimiento de nuevas especies. Cientos de especies de mamíferos, aves y otros vertebrados han sido registradas como extintas en los últimos 500 años. Una importante cantidad de especies (incluidos invertebrados y plantas) probablemente se han extinto, y hoy millones de poblaciones de especies se están enfrentando a su posible extinción.

Nuestro planeta actualmente se encuentra en un cataclismo tan grande que todos sus maravillosos animales, plantas, microorganismos y todas las interacciones entre ellos, están en peligro. Sin embargo, esta vez no se debe a fuerzas cósmicas o geológicas, sino al actuar de nuestra propia especie. Y mientras el destino de muchos organismos dependerá de las acciones que los humanos emprendamos en las próximas dos o tres décadas, nuestra civilización depende también, paradójicamente, de su destino.

Un gorila de montaña en Ruanda. Los gorilas son vegetarianos y pacíficos y aun cuando se les molesta, al igual que los chimpancés, casi nunca atacan a las personas. Un mundo sin poblaciones silvestres de estos parientes tan cercanos a nosotros sería verdaderamente un lugar triste.

3. EL ANTROPOCENO

EL SURGIMIENTO Y EVOLUCIÓN DE LOS SERES HUMANOS tiene implicaciones críticas para el futuro de la vida en la Tierra. Por miles de millones de años la biodiversidad fue diezmada por cataclismos naturales que ocurrieron a intervalos de miles o cientos de millones de años. Después de millones de años de tranquilidad la aparición del *Homo sapiens* moderno cambió, una vez más, el rumbo de la vida. En pocos miles de años los humanos pasaron de lanzar rocas y usar trampas, emplear lanzas y arcos con flechas, a cazar con armas de fuego. A lo largo de este camino, como otros depredadores omnívoros, los humanos nos alimentábamos y vestíamos matando plantas y otros animales. Pero nuestra eficiencia fue asombrosa y mucho antes de que se inventaran las armas de fuego, probablemente ya habíamos exterminado a grandes manadas de mamíferos herbívoros de tamaño mediano y grande, como los mastodontes, los perezosos terrestres y varias especies de canguros gigantes. Sin ningún disparo también acabamos con especies que amenazaban nuestra seguridad como los osos de las cavernas, los lobos gigantes y un marsupial carnívoro del tamaño de una leona, entre muchas otras especies.

En África, Europa y Asia, donde los animales tenían una larga experiencia evolutiva con los humanos, la mayoría de las especies de gran tamaño sobrevivieron. Pero la invasión humana relativamente reciente de Australia y América parece que contribuyó a numerosas extinciones. Más tarde, los primeros colonizadores de algunas grandes islas, encontraron y eliminaron las grandes aves del planeta, como el ave elefante de Madagascar, un animal masivo de aspecto peculiar de 3 metros de alto y 400 kilogramos de peso, y las igualmente impresionantes moas de Nueva Zelanda. Así, la expansión de *Homo sapiens* durante el periodo del Pleistoceno, aproximadamente hace 50 mil a 12 mil años, se caracterizó por una serie de extinciones de la megafauna de varias regiones del planeta.

Luego, a partir del inicio de la revolución agrícola hace cerca de 10 mil años, la población humana comenzó a crecer, primero lentamente y después vertiginosamente. Enormemente. Por increíble que parezca, nuestra población se ha incrementado más en el último siglo que en toda la historia de la humanidad. En 1930 el total de la población humana era de 2 mil millones de personas, y para 1960 la población había crecido a 3 mil millones. Hoy hay más de 7,800 millones de personas en el mundo y este número aumenta en alrededor de 300 mil personas por día. Los demógrafos proyectan una población de 9 mil millones para 2045 y más de 11 mil millones para el año 2100, aunque es muy posible que la población se estabilice entre 8 y 9 mil millones de personas.

Con respecto a la diversidad biológica del planeta, la correlación más obvia es la siguiente: más personas equivale a menos especies. Para sobrevivir, todos los organismos (incluidos los seres humanos) deben poder extraer recursos críticos de su medio, liberar desechos al ambiente y tener espacio para realizar esas actividades. A medida que las poblaciones humanas aumentan (salvo algunas excepciones), el espacio que es vital para otros organismos, los recursos y los sumideros (reservorios naturales que absorben, descomponen y reciclan desechos o restos inutilizables) disminuyen. Algunas excepciones son aquellos organismos que los humanos han domesticado para su uso como los pollos, los cerdos, el ganado vacuno, los caballos y algunas variedades de granos y vegetales; o aquellos que han aprendido a vivir junto a la humanidad como las ratas, los piojos, los virus del dengue y varias hierbas. La actual sexta extinción masiva se extiende desde el siglo XX al siglo XXI. A este periodo los científicos lo llaman el Antropoceno. Este término reconoce que la población humana enorme y creciente ha sido la fuerza principal que define las características de la biósfera, que es como

Las evidencias señalan que las aves elefante eran numerosas en Madagascar antes de la llegada de los seres humanos. Muchos restos de huevos, incluyendo huevos enteros, se han encontrado en varios sitios en la isla. Los enormes huevos tienen un volumen similar o mayor al de ¡150 huevos de gallina! Aquí, un miembro de la tribu Antandroy del sur de Madagascar sostiene un huevo fosilizado de un ave elefante.

se conoce a la capa superficial de la corteza terrestre, incluyendo la región oceánica, la atmósfera y la vida que se desarrolla en ellas.

Las proporciones cambiantes de gases atmosféricos del Antropoceno están terminando con el clima tan favorable que los seres humanos han disfrutado por 10 mil años. Ese clima gracias al cual la agricultura y la civilización pudieron desarrollarse. En el Antropoceno también se han visto dramáticas alteraciones ambientales en la superficie terrestre y en los océanos, especialmente en el siglo pasado. En cierto modo, los cambios por los que el planeta está pasando son distintos a los anteriores, pero hay aspectos

que recuerdan también a los eventos catastróficos pasados. Así como se piensa que un asteroide devastó la vida hace 65 millones de años, nosotros podríamos terminar por aniquilar más de 70 por ciento de las especies del mundo, incluidos los humanos.

La tesis de que el ser humano está causando la sexta extinción masiva es fácil de respaldar. La perturbación y fragmentación de los hábitats; la sobreexplotación por la caza o extracción; la desenfrenada contaminación; la introducción de especies invasoras y de enfermedades; el consumo desmesurado y, ahora, cambio climático, son causas bastante claras con impactos evidentes en otras formas de vida para

El quetzal es un ave espectacular de México y Centroamérica. Los aztecas en el centro de México y otros grupos mesoamericanos lo asociaban con la "serpiente emplumada", Quetzalcóatl, ya que al volar las colas largas y verdes de los machos parecen una serpiente. Es el ave nacional de Guatemala, aparece en su uniforme militar y su moneda lleva su nombre. La pérdida de los bosques de niebla donde habita está causando la desaparición de muchas poblaciones de esta especie.

cualquiera que analice los datos con frialdad. ¿Qué tan malo es? Los científicos que trabajamos en temas de conservación hemos concluido que cada año millones de poblaciones y miles de especies están siendo aniquiladas globalmente. A esto le hemos llamado la *aniquilación biológica*.

¿Por qué nos deberían interesar esas desapariciones si hay miles de millones de poblaciones y especies de plantas y animales conocidas para la ciencia y millones más sin catalogar que aún faltan por describir? ¿Qué importa un vaso de agua cuando tienes una cubeta entera?

En primer lugar, las extinciones causadas por el ser humano son catastróficas por razones éticas. Cada especie es una entidad única, un producto de miles de millones de años de evolución. Una vez que se extingue, se ha ido para siempre; es improbable que el universo vuelva a ver ese ensamble particular de genes. Además, la pérdida de cualquier especie puede llevar a la pérdida de otras que coexisten con ella. Las plantas, animales y microorganismos que habitan un área determinada interactúan entre ellos y con su medio físico, para crear y mantener las condiciones necesarias para la vida. La desaparición de cualquier especie conllevará consecuencias para las otras.

En segundo lugar, la vida genera nuestro recurso más esencial: el oxígeno. Este recurso es una creación biológica que no estaría disponible sin la ayuda de algunas especies. Las plantas y algunos microorganismos capturan la energía proveniente del Sol en el complejo proceso bioquímico llamado fotosíntesis. Mediante este proceso, estos organismos producen químicos ricos en carbohidratos y, al mismo tiempo, liberan oxígeno a la atmósfera. Nosotros y todos los demás animales (así como las plantas que lo producen) necesitamos oxígeno para quemar (oxidar) los carbohidratos que las plantas producen y nosotros consumimos en forma de alimento, con lo cual obtenemos energía para todas nuestras funciones celulares. Cuando alteramos los elementos de los ecosistemas que proveen oxígeno, podríamos estar, literalmente, amenazando la vida de nuestros descendientes distantes, porque a pesar de que por el momento hay mucho oxígeno en la atmósfera, a largo plazo podría agotarse.

Finalmente, las poblaciones de plantas y animales están estrechamente conectadas en secuencias ecológicas de alimentación llamadas cadenas tróficas. Por ejemplo: pasto → vaca → humano → mosquito → murciélago. Claramente muchas otras especies (como roedores e insectos que también consumen pasto) están involucradas y conectadas entre sí. La energía y los nutrientes se transfieren de una especie a otra a través de las cadenas, las cuales se entrelazan en complejas redes tróficas. A su vez, cuando la muerte interviene y las plantas pierden sus hojas o los animales cambian su piel y eliminan líquidos y

Los abejarucos euroasiáticos están ampliamente distribuidos y son depredadores de insectos, especialmente abejas y avispas. Las especies de aves que se alimentan de abejas se habían mantenido relativamente estables en el inicio de la sexta extinción masiva, pero ya están sufriendo debido a su caza asociada a actividades deportivas y la procuración de alimento, la canalización de ríos que destruye las orillas donde hacen sus nidos y, potencialmente, por reducciones en la disponibilidad de presas debido al uso extendido de pesticidas.

residuos sólidos, otros organismos llamados descomponedores sobreviven obteniendo energía a través de los carbohidratos, grasas y otros compuestos orgánicos de cadáveres y sus desechos. Estos organismos convierten esas sustancias en productos químicos inorgánicos más simples como nitrógeno, potasio, fósforo y varios oligoelementos que pueden ser reciclados por varias especies y sus futuras generaciones. Cuando provocamos la desaparición de especies interrumpimos este proceso cíclico de la vida, la muerte y la renovación.

Estas tres razones nos parecen convincentes y podemos resumirlas en la siguiente frase: "protege los ecosistemas de la Tierra o muere". Todos vivimos en y con los ecosistemas, que son unidades definidas de tamaño variable que albergan formas de vida. Por ejemplo, tu boca es un ecosistema que contiene miles de millones de bacterias, hongos, virus y otros microorganismos, algunos benéficos y otros perjudiciales para tu salud. Tu ecosistema se mantiene por la energía proveniente del Sol que eventualmente obtienes a partir de plantas e, indirectamente, de los animales que consumes. La cuenca del río Amazonas es un ecosistema mucho más grande, pero opera bajo principios similares y, como casi todos los ecosistemas, al igual que tu boca, el Amazonas es alimentado por el Sol y contiene incontables organismos, incluidas personas. La energía viaja a través de los ecosistemas y sin ella se desintegrarían rápidamente. Con la constante entrada de energía las formas de vida pueden prosperar y los descomponedores pueden reciclar los materiales que todos los seres vivos necesitan.

Los humanos, al igual que todos los demás organismos, son completamente dependientes del funcionamiento de los ecosistemas del planeta, aunque algunos preferirían pensar diferente o no pensar en ello en lo absoluto. Sin costo alguno los ecosistemas naturales realizan una amplia serie de funciones esenciales que incluyen mantener la combinación respirable de gases en la atmósfera; el abastecimiento de agua fresca; el control de inundaciones; la generación y reposición de suelos; la eliminación de residuos; la polinización de cultivos y protección de plagas; el suministro de peces para alimentación y deporte; la dotación de plantas medicinales y comestibles; y además evitar que nos volvamos neuróticos al proveernos con lugares de recreación y reflexión. Incluso los ecosistemas creados y administrados por humanos, como las granjas, se benefician críticamente y necesitan la ayuda de los ecosistemas naturales en los que se encuentran.

La pérdida de incluso una sola especie puede tener efectos importantes en un ecosistema. Las llamadas especies clave son formas de vida que tienen un impacto mayor en el ecosistema de lo que podría inferirse a partir únicamente de su abundancia. Por ejemplo, los perritos de la pradera de cola negra o perros llaneros son ardillas grandes terrestres que viven en colonias de miles o decenas de miles de individuos en los pastizales de Norteamérica (aunque sus colonias eran de millones de individuos en el pasado). Los perritos llaneros se alimentan de pastos y hierbas, y crean sistemas complejos de madrigueras subterráneas. Sus actividades son benéficas porque destruyen las semillas, plántulas y pequeñas plantas de arbustos desérticos invasores como el mezquite, cuyo crecimiento descontrolado convierte los pastizales áridos en matorrales desérticos. El sistema de madrigueras también provee refugio y protección a una plétora de animales desde insectos hasta zorrillos, ayuda en la aireación de los suelos y aumenta la infiltración de agua promoviendo la fertilidad del suelo y previniendo deslaves e inundaciones.

Una serie de estudios realizados a principios de los años noventa acerca de los perritos de la pradera en el suroeste de Estados Unidos demostró que,

a pesar de ser considerados plaga por los ganaderos, estos animales son esenciales para el mantenimiento de la productividad de los pastizales. Por ello, la desaparición de perritos de la pradera —principalmente por envenenamiento— tuvo como consecuencia la proliferación e invasión del matorral y la desertificación del ecosistema, la cual terminó por destruir el valor de la tierra para actividades de pastoreo.

Los servicios ecosistémicos de los que depende la humanidad son generados a escala local por las poblaciones de organismos. Por lo tanto, es igual de importante preocuparnos por las altas tasas de destrucción de poblaciones que por las pérdidas de especies. Después de todo, si una especie de murciélago insectívoro disminuye y sólo una población sobrevive, no ocurrirá la extinción de la especie, pero las personas que vivan en las áreas donde este murciélago ha desaparecido padecerán más picaduras de mosquitos y sufrirán una mayor prevalencia de las enfermedades que esos insectos dañinos propagan.

Por lo general, la mayoría de las poblaciones de especies ampliamente distribuidas desaparecerán

Los perritos de la pradera de cola negra fueron alguna vez uno de los mamíferos más abundantes de la Tierra con una población estimada de miles de millones de individuos. Esta especie es fundamental para mantener la salud de los ecosistemas de pastizales y proporcionar servicios ecosistémicos como el almacenamiento de carbono en los suelos y la recarga de mantos acuíferos. A pesar de ello aún siguen siendo envenenados en su área de distribución y son susceptibles a la introducción de enfermedades como la peste bubónica.

antes de que sus especies eventualmente se extingan. Así sucedió, por ejemplo, con muchas poblaciones de palomas pasajeras, que en 1880 ya habían desaparecido debido a la caza comercial excesiva, por lo que ya no era rentable cazarlas. Sin embargo, la especie resistió 30 años más para finalmente desaparecer debido a la ausencia de las gigantescas bandadas que eran indispensables para su reproducción. Una posible consecuencia de la desaparición de miles de millones de estas aves fue el aumento en la disponibilidad de alimento para ratones silvestres, los cuales solían competir con estas palomas, ya que ambos se alimentaban de las bellotas de los encinos. La explosión poblacional de esos roedores resultó, además, perjudicial para muchas personas ya que los ratones son el principal reservorio de la enfermedad de Lyme, un serio padecimiento bacteriano transmitido a los humanos por medio de la picadura de las garrapatas que proliferan en los ratones.

En la sobrepoblada Ruanda, las laderas erosionadas se pueden identificar por el color rojo fangoso de los ríos que erosionan los suelos agrícolas. La biodiversidad de Ruanda está confinada a pequeñas reservas que están bajo el asedio constante de personas de bajos recursos desesperadas por extraer madera, alimento o establecer pequeñas granjas. Desde el horrible genocidio de 1994 se han plantado árboles en cada espacio de tierra no destinado a la agricultura, carreteras o urbanización, pero en su mayoría estos árboles son eucaliptos exóticos. Si bien los eucaliptos proveen ciertos servicios ecosistémicos, son inútiles para reconstruir la biodiversidad del devastado paisaje. Sin embargo, esos paisajes podrían parecer bien conservados para las personas sin una buena educación ecológica.

Las distintas actividades humanas generan efectos sinérgicos cuyos impactos combinados son mucho mayores a la suma de sus impactos individuales. Un

ejemplo común es cuando las actividades humanas restringen la distribución de una especie o cuando alteran el clima local y regional. Las actividades antropogénicas han causado que un mayor número de especies ahora sean raras o escasas, lo que las hace más vulnerables que sus ancestros a la perturbación climática, desastres naturales y demás perturbaciones. Estas especies han sido llamadas "zombis" o muertos vivientes. Han sobrevivido a la disminución de sus poblaciones o al cambio climático, pero no lograrán sobrevivir a ambos.

Si bien es cierto que las extinciones de poblaciones y especies son procesos naturales y han ocurrido a lo largo de la historia, es importante destacar que las tasas de extinción actuales son extraordinariamente altas, especialmente cuando se comparan con

Las vastas llanuras del Serengueti en África oriental poseen la mayor biomasa (peso vivo) de mamíferos en la Tierra. El apropiado nombre significa en lenguaje masái "planicie infinita". Ir a visitar el Serengueti le permite a uno regresar al Pleistoceno, cuando agrupaciones similares de mamíferos grandes eran mucho más comunes, incluso en América. El turismo en esta llanura es un motor importante de la economía de Kenia y Tanzania. Hoy las inmensas migraciones se encuentran amenazadas por planes de infraestructura de carreteras al servicio de empresas mineras.

las tasas de evolución de nuevas especies. Es decir, no hay manera de que las extinciones sean balanceadas con la evolución de nuevas especies. Lamentablemente no hay suficientes biólogos profesionales u observadores amateurs para documentar todas las extinciones que están ocurriendo, aun cuando se trate de grupos de organismos bien conocidos, como las aves y los mamíferos. La tarea de registrar la aniquilación de poblaciones es aún más grande y complicada. Además, algunas personas afirman que la seriedad de la crisis de extinción está sobreestimada, lo que es equivalente a decir que una playa que está erosionándose ante nuestros ojos no está desapareciendo porque hay en ella un gran número de granos de arena o porque el número de granos que está desapareciendo no ha sido contabilizado. Es arriesgado y

hasta deshonesto generar estas dudas, pues si la actual ola de extinción sigue acelerándose, no sólo será un presagio del trágico declive de la variedad de seres vivos que habitan este planeta, sino del fin de la civilización humana y la prematura muerte de miles de millones de personas. Como menciona el personaje de caricatura estadunidense Pogo: "Hemos conocido al enemigo y somos nosotros". A pesar de nuestra inteligencia y de lo mucho que comprendemos los ecosistemas, nos comportamos de manera absurda. Ya sea desde una perspectiva ética o de interés personal podemos ver que el camino que estamos siguiendo es el erróneo y, aun así, nos comportamos como los moscovitas de Tolstoi con Napoleón en la puerta: bailando alegremente mientras la destrucción se acerca.

La isla de Guadalupe frente a las costas de
Baja California, México, se consideraba un
paraíso biológico a mediados del siglo xix.
Desafortunadamente, como en muchas otras
islas en todos los océanos, animales introducidos
como cabras, gatos y ratas diezmaron sus aves
y plantas endémicas. Los exitosos esfuerzos
de erradicación de los invasores han permitido
la recuperación de muchas de sus plantas y
animales.

4. CANTOS SILENCIADOS

AL VISITAR LA ACADEMIA DE CIENCIAS DE CALIFORNIA, localizada en el Golden Gate Park en San Francisco, se puede aprender sobre las tragedias que han experimentado algunas especies de aves extintas como resultado de las actividades humanas. Para llegar a la sección donde se encuentran las colecciones científicas uno debe recorrer, cual explorador, estrechos y laberínticos corredores, hasta llegar a la Colección de Ornitología. Entre innumerables gabinetes se encuentra uno con un letrero que dice "aves extintas". Al abrirlo y mirar el interior se experimenta un terrible impacto al ver muchos ejemplares de una gran cantidad de especies que ya no existen. Se pueden observar especies como el carpintero imperial que habitaba la Sierra Madre Occidental y el petrel de la isla de Guadalupe, ambos de México. Cada una de las especies está cuidadosa e irónicamente preservada; no fue hace mucho tiempo que fallamos en asegurar su conservación mientras vivían. A medida que se observan esos especímenes inertes, el horror se convierte en tristeza, pues son sólo muestras de lo que alguna vez fueron criaturas animadas. Las estadísticas tienen, sin duda, cierta capacidad para desconcertarnos, pero el hecho de ver las reminiscencias de tantas especies de aves debería tocar algunas fibras sensibles y propiciar un compromiso.

Más alla de África

Hasta hace aproximadamente 60 mil años, sólo las aves y otros animales de África habían tenido la experiencia de interactuar con los humanos. Miles de especies de aves en el hemisferio occidental, la mayoría de Asia, Australia y las islas oceánicas, habitaban tierras y aguas jamás visitadas por seres humanos modernos. Incluso en África los humanos eran pocos y habitaban sólo algunas partes del continente; pero luego empezaron a propagarse por todo el mundo. Primero comenzaron por Eurasia, luego ocuparon algunas islas del suroeste del Pacífico para finalmente llegar a Australia e invadir el hemisferio occidental. Las aves se enfrentaron a esta especie que no era como ninguna otra. Estos inteligentes, sociales y hambrientos primates, nuestros ancestros, sometieron a las aves con cacerías al estilo *blitzkrieg*. Al enfrentarse a esa versión temprana de las *guerras relámpago*, muchas aves ingenuas nunca tuvieron oportunidad de sobrevivir, pues la diáspora de los humanos fue tan rápida en términos evolutivos que había pocas oportunidades para que las aves valoradas como alimento o por sus plumas evolucionaran en respuesta adaptativa a la depredación de nuestros antepasados.

La caza fue tan sólo uno de los aspectos de la conquista de los humanos. Los cambios sin precedente en los hábitats y las introducciones accidentales o deliberadas de animales como gatos, ratas, cabras y cerdos a menudo causaron más destrucción que la caza directa. De acuerdo con registros fósiles y otras evidencias, alrededor de 2 mil especies de aves fueron orilladas a la extinción solamente en las islas del Pacífico después del establecimiento de los humanos hace unos 2 mil a 3 mil años. Muchas de estas aves estaban en desventaja porque, al no tener depredadores terrestres, sus alas eran vestigiales y no podían escapar volando de los humanos o de las ratas; y aquellas aves que sí podían volar eran más propensas a irse de las islas hacia un destino incierto. Antes de la aparición del *Homo sapiens,* las aves que no hacían una inversión metabólica en el uso funcional de sus alas invertían esa energía en aspectos más importantes de su sobrevivencia.

Hace relativamente poco, desde el siglo XVI, por lo menos 132 especies de aves se han extinto en las islas mencionadas, otras 15 especies están posiblemente extintas y cuatro más sobreviven sólo en cautiverio. Muchas otras extinciones han ocurrido en todos los continentes, como la del pato cabeza rosada y la de la codorniz del Himalaya, ambos oriundos de la India; y las del avión ribereño asiático de Tailandia, el chipe de Bachman de Estados Unidos, el zanate del río Lerma de México y el pato poc o zampullín del lago Atitlán en Guatemala. Actualmente un gran número de especies en peligro de extinción se encuentra en regiones tropicales como Madagascar, Australia, Filipinas, India, China, el sureste asiático (incluyendo Vietnam y Camboya), Sumatra y Borneo en Indonesia, Brasil oriental y los Andes en Ecuador y Perú, donde la pérdida de los hábitats y otras causas han llevado a incontables especies al borde de la extinción. Estados Unidos, México, Brasil, Egipto, Tanzania, Angola y Sudáfrica también poseen un gran número de especies y poblaciones en peligro de extinción. Es muy probable que el número exacto de extinciones sea mayor, ya que no hay duda de que muchas especies desaparecieron antes de ser conocidas por la ciencia, mientras que otras, al ser extremadamente raras, no han sido observadas desde hace mucho tiempo y probablemente ya estén extintas.

El enigmático dodo

Entre todas las aves que se han extinto, el dodo ha sido el icono más representativo, por ser la primera especie de la que se tiene registrada su extinción. El dodo tenía un aspecto raro y sólo se encontraba en la isla de Mauricio en el océano Índico, a 870 kilómetros al este de Madagascar. Un navegante danés llamado Heyndrick Dircksz Jolinck, quien visitó la isla en 1598, fue el primero en describir al ave. Según los escritos de Jolinck, el dodo era un ave grande con alas del tamaño de las de una paloma, inservibles para volar. Jolinck escribió que estas particulares aves poseían un estómago tan grande que podía proveer a dos hombres de una comida deliciosa y que, de hecho, esa era la parte más sabrosa. Sin embargo, otros registros contemporáneos acerca de los dodos indican que su carne sabía mal y que era dura. Aun así, ya que su carne podía obtenerse de manera sencilla, sin duda podía ser consumida por marineros hambrientos, por lo que las tripulaciones de los barcos que llegaban a Mauricio mataban y se alimentaban de grandes cantidades de dodos indefensos.

Mucho de lo que actualmente sabemos acerca del dodo proviene de dibujos y pinturas donde se aprecia un ave obesa y torpe. No obstante, es probable que algunos de estos bosquejos sean de aves sobrealimentadas en cautiverio pues, en al menos una ilustración que data del siglo XVI, los dodos son representados como una especie esbelta. Además, en la isla de Mauricio las estaciones húmedas y secas están bien definidas, por lo que es posible que los dodos engordaran gracias al consumo de frutas durante la temporada húmeda y, posteriormente, vivieran de su reserva de grasa durante la temporada seca cuando la comida era escasa. Los dodos también pudieron haber acumulado grasa corporal durante la temporada de apareamiento para luego irla perdiendo conforme este periodo finalizaba.

El dodo era indudablemente un ave grande. Su pico era enorme, sus fosas nasales pronunciadas y sus ojos saltones. Su cola era un cúmulo de plumas posicionadas en lo alto de la espalda. Los dodos adultos probablemente medían 1 metro de alto y pesaban 20 kilogramos. Estas aves anidaban en el suelo y se alimentaban de vegetación. Sus largos picos parecían ser aptos para comer frutos caídos o para romper raíces y plantas. Es posible que la cubierta córnea de su pico se desprendiera mientras no era temporada de apareamiento.

El icono de los animales extintos es quizá el dodo, desaparecido hace mucho tiempo. Esa ave no voladora, muy dócil y presa fácil para los marineros, habitaba la isla Mauricio en las costas de África oriental. Uno por uno los dodos fueron cazados hasta el día en que el último dodo, un ave que probablemente aprendió a evitar a los humanos, sucumbió a la vejez y dejó tras de sí un universo empobrecido.

Los dodos (o sus ancestros) habían estado en la isla de Mauricio por millones de años y, como muchas aves insulares, evolucionaron sin depredadores. Mauricio, sin lugar a duda, era su Edén con una abundancia de frutas dispersas en el suelo. Los dodos eran el ejemplo clásico de adaptación animal a la vida en islas remotas. Los marineros decían que los dodos no les tenían miedo a las personas y, quizá, ésta fue una de las razones por las que su número comenzó a disminuir. Sin embargo, también es probable que otros factores además de la cacería hayan contribuido a su extinción, incluyendo los cambios en su hábitat debido a la introducción de cabras, la depredación de sus huevos por parte de animales exóticos introducidos (ratas, cerdos y el macaco cangrejero) y tal vez por desastres naturales como los ciclones y las inundaciones, a los que podrían haber sobrevivido en condiciones normales. En otras palabras, muchos de los factores que actualmente

amenazan a las aves se unieron contra los dodos y marcaron su destino.

La última observación confirmada de un dodo vivo ocurrió en 1662, menos de un siglo después de que los europeos los descubrieran. Hoy ni siquiera tenemos un espécimen completo conservado para su estudio. El último dodo disecado fue destruido alrededor de 1775 debido a su aspecto deteriorado. Del esqueleto de este ejemplar sólo fue conservada una parte de la pata y de su cráneo, algunos de esos fragmentos incluyen los restos del tejido blando.

El tambalacoque es un árbol endémico de Mauricio conocido como el árbol del dodo. Se trata de una especie longeva, con una madera apreciada en el mercado y con un fruto parecido al durazno. En 1973 estuvo a punto de extinguirse pues tan sólo existían 13 individuos con una edad estimada de 300 años. En 1977 se conjeturó que estos árboles desaparecerían porque sus semillas sólo podían germinar cuando pasaban por el tracto digestivo de los dodos y, de haber sido así, los dodos y su árbol habrían sido un singular ejemplo de coevolución. Pero ahora hay evidencia de que sus semillas pueden germinar aun después de la exterminación de los dodos y de que pueden ser dispersadas con éxito por especies actuales como murciélagos frugívoros y pericos. Aun así, uno no puede mirar al árbol del dodo y no imaginarse cómo habrá sido la escena de los dodos incubando sus huevos a la sombra de estos árboles.

Esperando a los zarapitos

Durante miles de años los primeros habitantes de Alaska esperaron pacientemente las noches cortas y los días largos de junio. El verano anunciaba la llegada de cientos de miles de zarapitos esquimales migrantes, los cuales eran cazados por su tierna carne. Estas aves de aspecto frágil regresaban a Alaska después de lograr una de las migraciones más formidables del mundo: un viaje redondo que realizaban cada año entre el Ártico y el sur de Sudamérica. A finales del siglo XIX, sin embargo, las numerosas parvadas desaparecieron. Cada verano los cazadores de Alaska esperaban en vano y, de manera gradual, los recuerdos de su llegada se desvanecieron como el de un pariente que murió hace tiempo. Pero ¿qué ocurrió? ¿Cómo es que la abundancia se convirtió en escasez? A partir del crecimiento de las ciudades norteamericanas, los comerciantes legales de los 48 estados interiores de la Unión Americana cazaron a estas aves para venderlas como alimento a los pobladores. Por 20 años aproximadamente (entre 1870 y 1890) los zarapitos, en su travesía hacia el norte o hacia el sur, se encontraban con una lluvia de balazos.

Fred Bodsworth, en su excelente novela publicada en 1954, *El último de los zarapitos*, describió de una manera novedosa y conmovedora la situación de estas aves. Bodsworth detalló los numerosos peligros naturales a los que se enfrentaban los últimos zarapitos esquimales en su larga migración y cómo, aun cuando superaban esos peligros, muchos de ellos finalmente sucumbían a las armas de fuego en las grandes llanuras de los Estados Unidos. Bodsworth escribió: "Pero las grandes bandadas no llegan ya, y sólo quedan las leyendas… Ahora la especie se mantiene precariamente al borde mismo de la extinción. Únicamente algún superviviente raro arrostra la peligrosa emigración desde los campos patagónicos… a las empapadas planicies que descienden al océano Glacial Ártico. Pero el Ártico es muy vasto y, generalmente, aquellos sobrevivientes buscan en vano. Últimos de una especie agonizante, vuelan solos." El zarapito esquimal seguramente ahora está extinto, pues ninguno ha sido visto en muchos años.

No hay garantía en el número

Hace doscientos años la paloma pasajera era el ave más común de Norteamérica. Contaba con una población de quizá 5 mil millones de individuos, aproximadamente el mismo número de todas las aves que ahora invernan en Estados Unidos. Su abundancia es difícil o imposible de imaginar. El ornitólogo, artista y pionero John James Audubon observó a lo largo de tres días una sola parvada de palomas pasajeras y calculó que probablemente más de 300 millones pasaban cada hora, y que el tamaño de esa parvada oscilaba en 2 mil millones de aves.

Las palomas pasajeras consumían grandes cantidades de semillas de encinos, hayas y castaños y formaban colonias de anidación densas que se extendían hasta 23 kilómetros. Se decía que el solo peso de las aves anidando llegaba a quebrar las ramas de

La paloma pasajera es quizás el símbolo mejor conocido de la extinción. John James Audubon, el primer gran artista de vida silvestre, plasmó a estas elegantes aves en este lienzo pintado a mano.

grandes árboles y derribaba los arboles pequeños ¿Cómo desaparecen 5 mil millones de aves? El exterminio comenzó en la costa oriental de Norteamérica principalmente por la destrucción de los bosques. Después, al terminar la Guerra Civil, los ferrocarriles llegaron hasta territorios del medio oeste donde las palomas eran más abundantes. Ahí se instalaron líneas de telégrafos y gracias a ellas los cazadores profesionales podían informarse rápidamente sobre la localización de colonias. La tecnología, el creciente apetito urbano de carne y los numerosos cazadores se combinaron en lo que resultó ser una despiadada matanza. Los suculentos pichones eran enviados a los mercados de las ciudades orientales de Estados Unidos, mientras que los adultos eran capturados y usados como blancos en los campos de tiro. En 1878 un solo cazador envió tres millones de palomas de Michigan a los mercados del este del país. Un artículo en la revista *Forest and Stream* describió lo que sucedía en Pennsylvania en 1886: "Cuando aparecen las aves todos los habitantes varones del vecindario dejan su habitual ocupación como granjeros, leñadores, exploradores de petróleo y holgazanes, y se unen a la tarea de capturar y comercializar a las aves. La ley en Pennsylvania claramente prohíbe la caza de palomas en sus sitios de anidación, sin embargo, nadie la respeta y las aves han sido asesinadas por decenas de miles."

El final de esas superabundantes aves llegó sorprendentemente rápido. Aunque la cacería cesó cuando ya no era rentable y todavía quedaban algunos miles de palomas habitando en grandes extensiones de hábitat, la especie decayó velozmente. Las causas de su extinción aún son un misterio. La mejor hipótesis es que estas aves requerían agruparse en colonias gigantes para reproducirse con éxito. Dado que de manera individual eran bastante vulnerables ante los depredadores, es posible que esta estrategia de reproducción les ayudara a evadirlos, pues al reproducirse rápidamente su población incrementaba considerablemente y las pérdidas por depredación no eran tan significativas. No obstante, conforme las colonias fueron reduciéndose, la cantidad de depredadores aumentó proporcionalmente y, finalmente, las pocas aves restantes desaparecieron en las fauces de sus enemigos.

El último individuo vivo de la especie fue una hembra llamada Martha, la cual murió en el zoológico de Cincinnati en 1914. Martha se encuentra disecada en el Museo Nacional de Historia Natural del Instituto Smithsonian de Estados Unidos y el recuerdo de su especie se encuentra conmemorado en una de las ilustraciones más evocadoras de John James Audubon. Pero este no es el final de la historia. Al consumir millones de semillas, derribar árboles y depositar vastas cantidades de excremento cada verano, estas aves configuraban la dinámica ecológica de los bosques caducifolios del este de Estados Unidos. Se considera que las multitudes de palomas dejaban un reducido número de semillas disponibles para los ratones de campo, por lo que cuando las palomas desaparecieron, la población de estos ratones se vio enormemente beneficiada, particularmente los años en que los encinos produjeron más bellotas. Además, como se mencionó, los ratones son vectores de la enfermedad de Lyme que actualmente es un problema de salud para las comunidades humanas. ¿Será esa la venganza de la paloma pasajera?

Los carpinteros más grandes

El declive de la paloma pasajera es quizá la extinción aviar más famosa de Norteamérica. Otra historia bien conocida trata del inmenso carpintero real. El ave era (algunos dirían que quizá sigue siendo) habitante de los bosques pantanosos del sureste de Estados Unidos y de los bosques vírgenes de Cuba. Hace 150 años Audubon describió con vehemencia su hábitat en América:

> Quisiera describir la extensión de esos profundos pantanos, eclipsados por millones de cipreses oscuros y gigantescos, extendiendo sus robustas ramas cubiertas de musgo como para advertir al hombre intruso a hacer una pausa y reflexionar sobre las muchas dificultades que debe afrontar si persiste en aventurarse más allá en sus casi inaccesibles recovecos, extendiéndose por kilómetros ante él, donde sería interrumpido por enormes ramas, troncos masivos de árboles caídos y en decadencia y miles de plantas de innumerables especies arrastradas y retorcidas.

De casi 50 centímetros de longitud de cabeza a cola, esta gran ave se ha considerado extinta desde hace mucho tiempo, aunque algunos albergan la ilusión de que el carpintero real sobreviva en algún área remota del sureste cubano. Hace algunos años la esperanza revivió cuando un grupo de científicos del famoso Laboratorio de Ornitología de la Universidad Cornell en Arkansas reportaron haber observado al "Ave Señor Dios" (llamada así por las reacciones que ocasionalmente acompañaban las primeras observaciones del ave). Pero las búsquedas posteriores y el análisis de la evidencia han generado dudas acerca de estas afirmaciones. Hoy se piensa que el ave observada en ese entonces por los investigadores era un carpintero similar y más común: el carpintero imperial.

Lamentablemente en México también hay historias de pérdidas similares. El todavía más grande carpintero imperial habitaba los bosques de pino y encino de la sierra Madre occidental y tenía una

Es triste que la única buena fotografía que existe de un carpintero imperial (aparte de pieles disecadas) sea ésta, un magnífico ejemplar destinado a la cazuela. Aunque existen reportes ocasionales —y dudosos— de carpinteros imperiales y carpinteros reales, si alguien quisiera tener una idea de cómo era el más grande de los carpinteros tendría que viajar a los bosques templados andino-patagónicos de Sudamérica, tener suerte y observar a un carpintero negro, una especie similar cuya longitud es casi tres cuartos de la que tenía el carpintero imperial.

longitud de 56 centímetros. Al igual que su pariente el carpintero real, la tala fue una de las causas que lo llevó a la extinción, pues requería grandes extensiones de bosque continuo. El antropólogo noruego Carl Lumholtz observó a esta especie en las montañas de Chihuahua en 1902 y dejó escrito: "Un mexicano llamado Figueroa apareció una mañana con tres magníficos carpinteros; eran unos ejemplares extraordinariamente grandes de *Campephilus imperialis*. Esta ave espléndida mide 60 centímetros de altura, su plumaje es negro y blanco y el macho porta una cresta roja en su cabeza que resalta particularmente en la nieve".

Además de la tala, la caza también llevó al carpintero imperial al camino de la extinción, no sólo por su carne (los polluelos eran considerados una exquisitez), sino también por sus plumas, las cuales eran sumamente valoradas como ornato. Una de las últimas observaciones fue realizada en 1958 por W. L. Rheim, un dentista y observador de aves aficionado. Él documentó haber visto a un tepehuano (cuya etnia es famosa por su rebelión contra los españoles) cargando un carpintero imperial muerto y quien lo describió como "un gran pedazo de carne".

La cotorra americana

Las pérdidas de los carpinteros más grandes del mundo, al igual que la pérdida de la paloma pasajera fueron eventos muy lamentables, y desafortunadamente no han sido los únicos en Norteamérica. Una de las pérdidas más tristes fue la de la colorida cotorra de Carolina, la cual se extinguió al mismo tiempo que la paloma pasajera. Estos pericos o cotorros eran ampliamente cazados por los granjeros que se oponían a que las grandes parvadas de estas aves asaltaran sus reservas de granos y consumieran los frutos de sus huertas. Se volvieron blancos fáciles por el hábito que tenían de mantenerse unidos a sus compañeros heridos.

Otros factores que aceleraron su declive incluyen la captura de individuos para comercializarlos como mascotas, la pérdida de su hábitat (en especial la desaparición de árboles viejos con huecos donde hacer sus nidos) y la competencia por los huecos con enjambres de abejas originalmente importadas para la producción de miel. Es posible que, al igual que la paloma pasajera, los pericos requiriesen grandes parvadas para protegerse de los depredadores. Funestamente, la última cotorra de Carolina murió en el zoológico de Cincinnati en 1914, en el mismo año y lugar en que murió Martha, la última paloma pasajera.

Pericos nocturnos y del paraíso

Entre todas las aves, la familia de los pericos es uno de los grupos más vulnerables. El perico del paraíso de Australia era una bella especie que habitaba bosques abiertos de eucaliptos y pastos. Su distribución se limitaba a Queensland y el norte de Nueva Gales del Sur. Estos pericos, con parches rojos brillantes en sus hombros, rabadilla turquesa y larga cola color verde bronce, eran considerados muy bellos. Eran diurnos (activos durante el día) y aparentemente pasaban mucho tiempo en el suelo alimentándose de pastos y otras plantas. Aunque existe relativamente poca información sobre su biología, se sabía que anidaban en nidos de termitas. Algunas causas de su declive son los incendios, el sobrepastoreo y el cambio de uso de suelo, aunque la introducción de depredadores sin duda agravó el problema. Desafortunadamente, al igual que la cotorra de Carolina y el ara tricolor, esta especie se encuentra seguramente extinta. Las últimas aves fueron vistas en 1927. ¡El tiempo que ha

Gracias a la magnífica ilustración de Audubon puedes tener una idea de la belleza de la cotorra de Carolina que alguna vez adornó el oriente de Estados Unidos. También podrás sentir la gran pérdida que todos sufrimos cuando el único perico del este del país, nombrado por Audubon, fue exterminado por acciones humanas.

pasado desde entonces es demasiado largo para que una especie tan llamativa no sea vista si es que sigue existiendo! Pero, a pesar de ello, quizá todavía haya esperanza. Por ejemplo, el perico nocturno australiano, una especie que habita la zona árida y que, como su nombre indica, realiza sus actividades durante la noche, se creía extinto. Afortunadamente ha sido redescubierto y ya se han capturado excelentes fotografías de un individuo.

Un cuento de museo

El alca gigante, como su nombre lo indica, fue un ave de gran tamaño que medía un metro de altura. Era un ave que no volaba, de la que podría decirse era la versión boreal de los pingüinos. Marina por naturaleza, era extremadamente abundante y estaba ampliamente distribuida en el Atlántico Norte, desde Canadá y Estados Unidos hasta el norte de Europa. Las alcas gigantes eran utilizadas por exploradores europeos como fuente de alimento y cebo de pesca. Sus huevos y plumas tenían gran valor en Europa, un atractivo fatal que las llevó hacia la extinción. A juzgar por algunos registros contemporáneos, las alcas eran fáciles de matar. En un solo año decenas de miles fueron capturadas y para mediados del siglo XVI sus poblaciones europeas ya habían sido completamente exterminadas. Conforme las exploraciones y las conquistas europeas se expandieron, la población norteamericana de alcas empezó a desplomarse década tras década hasta que en el siglo XIX el alca gigante se convirtió en una especie rara.

Posteriormente una catástrofe natural aceleró su declive. En 1830 una zona de anidación en Islandia fue destruida por la erupción de un volcán. Aunque sin lugar a dudas esta erupción aceleró su final, el alca ya estaba encaminada a la extinción por la cacería descontrolada. Finalmente, naturalistas que buscaban huevos y pieles para los museos europeos y para colecciones privadas destruyeron al último grupo de alcas sobrevivientes en 1840. Quizá la última ave de su tipo, un solo individuo, fue visto en 1852. Desde entonces no se ha presentado ningún avistamiento creíble.

Moas en apuros

Nueva Zelanda es uno de los pocos grupos de islas que permanecieron libres de humanos por un largo periodo de tiempo. Aunque en los últimos 50 mil años el mundo entero fue siendo colonizado por distintos grupos humanos, Nueva Zelanda comenzó a ser poblado hasta hace aproximadamente mil años. Al contrario de lo que comúnmente se piensa, los humanos no llegaron a las islas desde Australia sino desde Polinesia y no fue hasta después de cientos de años que llegaron los europeos. Cada una de estas invasiones humanas tuvo un enorme impacto en la biodiversidad de Nueva Zelanda.

Los ancestros polinesios que llegaron a Nueva Zelanda fundaron la singular cultura maori y este grupo probablemente no tuvo mucha interacción con el resto de Polinesia debido a la distancia entre Nueva Zelanda y otras islas. Es posible que los primeros colonizadores llevaran perros y algunas hortalizas básicas. Es casi un hecho que los polinesios introdujeron de manera deliberada a las ratas del Pacífico (kiore), ya que las consideraban una exquisitez y las transportaban de isla en isla en jaulas de bambú. Posteriormente, además de las kiore, aparecieron la rata negra y la rata gris, especies que infestaban los barcos europeos.

A sólo 500 años después de la llegada de los polinesios, la mitad de los vertebrados terrestres de Nueva Zelanda había sido eliminada, entre ellos once

A pesar de que el nombre celta del alca gigante significa originalmente "pingüino" y su apariencia es efectivamente similar a la de estas aves, como se puede observar en esta hermosa pintura de James Audubon, el alca gigante extinta no está emparentada con los pingüinos. En realidad, esta ave marina está emparentada con el alca común y otras alcas del hemisferio norte, las cuales pertenecen a un orden completamente diferente al de los pingüinos.

especies de aves no voladoras. Quizá la desaparición más importante fue la de las nueve especies de moas, que eran aves de tamaño gigantesco. Las moas evolucionaron a partir de un linaje de ancestros voladores que llegó a Nueva Zelanda hace 80 millones de años. Estas aves, viviendo aisladas y sin depredadores antes de los humanos, perdieron la capacidad de volar. Las moas se alimentaban de plantas y, como muchas aves herbívoras, comían rocas para moler el alimento en sus mollejas. Los machos y las hembras diferían en tamaño y forma, y algunas investigaciones indican que construían nidos de poca profundidad (a menudo en refugios rocosos) cubiertos de vegetación. Hoy sabemos poco acerca de su reproducción, pero hay cerca de cuarenta huevos de moas conservados en distintos museos.

En un principio se pensaba que la desaparición de las moas se debía al drástico cambio del clima global de finales del Pleistoceno hace unos 12 mil años, pero el hallazgo de algunos restos en antiguos

Las moas eran aves gigantescas. En poco tiempo los invasores humanos exterminaron a las nueve especies de moas de Nueva Zelanda, antes abundantes. Aunque desaparecieron hace 500 años, aún se observan plantas comunes que cuentan con adaptaciones que les permitían protegerse del forrajeo de estas aves.

asentamientos polinesios sugiere que la razón principal de su extinción fue la cacería. Es posible que antes de la llegada de los polinesios Nueva Zelanda estuviera poblada por cerca de 160 mil moas. Algunas evidencias del sitio arqueológico conocido como Shag River Mouth sugieren que los polinesios consumían cada año toneladas de carne de moas. También existen pruebas que indican que los cazadores comenzaron a consumir otras especies más pequeñas a medida que las grandes fueron desapareciendo. Este patrón de matar a las presas grandes y fáciles primero para luego orientarse a especies pequeñas es típico de la sobreexplotación humana. Ocurrió con los moluscos explotados desde hace miles de años en las costas de Sudáfrica y actualmente ocurre con las pesquerías oceánicas en todo el mundo.

Fueron varios los factores que se sumaron a la condena de las moas en manos de los grupos humanos. Uno de ellos era su baja tasa reproductiva, pues existen indicios de que cada hembra ponía sólo uno a dos huevos por año y los polluelos alcanzaban la madurez sexual a los 5 años o incluso más tarde (un tiempo corto para estándares humanos, pero bastante largo para las aves). Se ha calculado matemáticamente que las moas pudieron haberse extinguido en el transcurso de los cien años posteriores a la llegada de los polinesios a Nueva Zelanda. También se ha propuesto otro modelo en el que este periodo de tiempo pudo ser más largo; considerando que los primeros colonizadores rondasen en unas cien personas y matasen una moa hembra para veinte personas por semana, el modelo estima que las moas pudieron extinguirse en un lapso de 160 años. Aun así, su extinción habría ocurrido más rápido si se contempla que la población humana creciera entre 2 y 3 por ciento anualmente, o si el número de colonizadores hubiera sido mayor, o si los pobladores también consumieran los huevos, o si también destruyeran el hábitat.

Además, es muy probable que los perros introducidos por los colonizadores depredaran los huevos, lo cual habría acelerado aún más su declive. Si se suman todos estos factores el periodo de cien años es factible. En cualquier caso, estas fascinantes aves fueron exterminadas muy rápidamente.

El único depredador natural de las moas era la gigante águila de Haast. Se considera que era 40 por ciento más grande que el águila real actual y que podía volar a una velocidad de 80 km/h. Las hembras llegaban a pesar de 10 a 15 kilogramos. Muchas aves rapaces actuales tienen este dimorfismo sexual en el que las hembras son más grandes que los machos. Es posible que esta diferencia permita a ambos sexos alimentarse de presas distintas y así evitar competir entre ellos por el alimento, entre otras posibles razones. Aunque no es clara qué proporción de los nueve tipos de moas eran presa del águila de Haast, se considera que la desaparición de todas ellas contribuyó a la extinción de esta águila. Sin duda, la destrucción del hábitat y la cacería por parte de los polinesios recién llegados fueron también factores importantes, pues si pensamos que estas águilas estaban acostumbradas a cazar presas bípedas y grandes como las moas, no sería ninguna sorpresa que también se llevaran niños y que ello las convirtiera en blanco de los cazadores con sed de venganza.

Con sus enormes montañas y vigorosas costas, panoramas que se hicieron famosos en películas como *El señor de los anillos*, uno podría imaginarse cómo era Nueva Zelanda antes de las invasiones humanas y ¡qué increíble sería visitar hoy este país y ver a las moas corriendo y al águila de Haast sobrevolando en esos paisajes! No obstante, aun si los polinesios nunca hubieran llegado, es poco probable que las moas lograran sobrevivir hasta hoy, pues los colonos europeos que eventualmente llegaron no contaban con ninguna ética conservacionista y no

es difícil imaginar que habrían encontrado en las moas una presa fácil para alimentarse, tal como sucedió con tantos otros animales en diversas regiones del mundo. Sin embargo, aquellos que visitan Nueva Zelanda en la actualidad todavía pueden presenciar un vestigio vivo de las moas: las plantas nativas aún muestran adaptaciones que les permitían evitar ser consumidas por estas aves altas y herbívoras que desaparecieron hace mucho tiempo.

Las gigantes aves elefante

Una isla similar a Nueva Zelanda es Madagascar. Esta isla parece haber sido poblada por primera vez en el año 300 a.C. Los malgaches probablemente tenían un origen multiétnico y contacto con los árabes. Esta población logró sobrevivir a las invasiones europeas hasta el siglo XVI y, hasta ese momento, muchas especies interesantes de aves sobrevivieron. Sin embargo, el establecimiento de la población europea marcó el destino del ave elefante. Después de sobrevivir 60 millones de años en Madagascar, en el siglo XVII todas las especies de aves elefante de la isla —entre seis y doce— se extinguieron. La especie de ave elefante más grande medía 3 metros de alto y pesaba unos 450 kilogramos. Al igual que los dodos, las aves elefante no tenían depredadores terrestres y no contaban con capacidad de vuelo. Los huevos de las aves elefante eran enormes, con una circunferencia mayor a un metro y una longitud mayor a 34 centímetros. Recientemente se obtuvo el ADN de huevos fosilizados de ave elefante y a raíz de este suceso se han hecho sugerencias de intentar clonarlos en el futuro (¡tranquilos! Es más difícil clonar especies extintas de lo que creíamos).

Las aves elefante estaban emparentadas con los avestruces y los emús, especies que afortunadamente

Las aves elefante, más pesadas que la moa más grande, habitaban en Madagascar hasta hace aproximadamente 400 años. Sus enormes huevos representaban grandes banquetes para los grupos familiares, por lo que no es de asombrarse que los invasores humanos hayan acabado rápidamente con ellas.

todavía existen. Estas aves eran fornidas, con cuellos largos, picos en forma de lanza y patas masivas con garras afiladas. A diferencia de los avestruces no eran veloces y sus plumas tenían una apariencia peluda parecida a las del emú. A pesar de su imponente aspecto, las aves elefante eran pacíficas herbívoras.

No sabemos con claridad si las aves elefante habitaban exclusivamente en las selvas tropicales de Madagascar, pero es un hecho que estas aves eran las únicas capaces de dispersar las semillas de algunas especies tropicales de palmas. Al igual que con las moas de Nueva Zelanda existen vestigios de coevolución en la flora de Madagascar que dan cuenta de la antigua relación entre estas aves y las plantas nativas. Algunas plantas endémicas de Madagascar, como las uñas de gato, tienen una serie de ganchos que posiblemente les facilitaran sujetarse a las patas de las aves elefante para dispersarse. Otras especies de plantas contaban con espinas que les ayudaban a evitar el forrajeo de estas aves.

Una evidencia que muestra el consumo de huevos de aves elefante por los antiguos pobladores es la presencia de cáscaras en restos de fogatas antiguas. Al igual que sus parientes las moas, su reproducción era lenta, lo que imposibilitaba la recuperación de sus poblaciones, especialmente bajo la doble presión de la recolección de huevos y la depredación por parte de ratas y perros introducidos. Otros factores que contribuyeron a la extinción del ave elefante fueron la pérdida de su hábitat, la transmisión de enfermedades y la sequía progresiva de Madagascar durante los últimos 12 mil años.

El gato Tibbles

El chochín de Stephens, sin duda, era un ave extraña. Diminuta, nocturna y no voladora, se alimentaba de insectos que habitaban el sur de las islas principales de Nueva Zelanda. Las ratas grises o ratas de Noruega introducidas de manera accidental por el hombre eliminaron rápidamente al chochín en todos los sitios donde antes existía, excepto en un pequeño islote cerca de la costa. En 1840 el chochín habitaba solamente la isla de Stephen de 150 hectáreas, aproximadamente la mitad del tamaño del Central Park de Manhattan.

El chochín fue exterminado de la isla a inicios de 1890 tras la construcción de un faro. La causa directa fue la depredación por parte de gatos, aunque por muchos años se asumió que un solo gato había sido el responsable. Tibbles, el gato guardián del faro, llevaba frecuentemente chochines a modo de regalo al cuidador del faro, quien fue lo suficientemente cuidadoso para guardar uno. Él se lo dio a uno de los ingenieros, quien lo disecó y envió a Londres como espécimen para un museo. Éste fue el primer registro científico de la especie y, simultáneamente, su fin. Los eventos en la isla no son claros, pero parece probable que una gata embarazada o varios gatos llegaran con la tripulación de algún barco, se multiplicaran y cazaran a los chochines hasta la extinción. Tras una búsqueda realizada en 1895 no se encontró ningún chochín. Tibbles y sus amigos habían erradicado a la última población de las pocas aves cantoras no voladoras que el mundo ha conocido.

Las Galápagos mexicanas

La isla de Guadalupe en México, formada hace cientos de miles de años como resultado de actividad volcánica, es muy remota. Está ubicada en el océano Pacífico a 250 kilómetros de distancia de la península de Baja California, mide 35 kilómetros de longitud y 10 kilómetros de ancho. La isla fue descubierta por los biólogos en 1875 aunque ya era conocida por los balleneros. Edward Palmer, uno de los primeros naturalistas que visitaron la isla, encontró una gran variedad de aves únicas, al igual que otras formas de vida. Palmer comparó su descubrimiento con aquellos de Charles Darwin y su investigación en las islas Galápagos.

Debido a su lejanía del continente, las especies que llegaron a la isla Guadalupe se aislaron de otras formas de vida y evolucionaron en nuevas especies. Pero, como ocurrió en las Galápagos, los visitantes causaron problemas a Guadalupe, pues introdujeron cabras, perros, gatos, ratas y ratones que devastaron este paraíso biológico. Algunas de estas introducciones fueron deliberadas: en el siglo XIX los balleneros y cazadores liberaron cabras para estar seguros de contar con un suministro de carne fresca cada vez que visitaban la isla y ambos, balleneros y pescadores, intencionalmente liberaron gatos y perros. Las ratas y los ratones llegaron accidentalmente en sus barcos.

A principios del siglo XX, veintiséis especies de plantas y once especies o subespecies de aves habían sido exterminadas de la isla Guadalupe. La situación se agravó cuando la población de cabras aumentó; en 1956 una población estimada en 60 mil cabras habitaba la isla, devastando toda la vegetación a su paso. La isla se convirtió en un lugar desolado. Los antes extensos bosques de enebros, encinos y pinos, cubiertos de epífitas (plantas que crecen encima de otras plantas) prácticamente desaparecieron. En 1990 sólo permanecía un remanente de estos bosques en la parte norte de la isla y todos sus árboles son bastante viejos.

Los gatos y las ratas eliminaron al pequeño paíño de Guadalupe que anidaba en el suelo y carecía de defensas contra estos depredadores. Al mismo tiempo, los locales exterminaron al peculiar caracará porque lo veían como una amenaza para sus cabras y, al igual que con el alca gigante, en 1911 un científico colectó a los últimos 11 individuos y los envió a una colección privada en Inglaterra.

A pesar de la pérdida de biodiversidad en la isla Guadalupe, aún existe esperanza, ya que las cabras, los gatos y los perros introducidos fueron recientemente erradicados. Ahora la vegetación original está regresando, muchas especies de plantas con flor consideradas extintas por más de un siglo han reaparecido y las poblaciones de las aves sobrevivientes están creciendo. Ya existen también muchos pinos, enebros y encinos pequeños, y los bosques locales están en franca recuperación. La isla Guadalupe es un modelo sólido de lo que puede lograrse en sitios que han sido devastados. Aunque lamentablemente, aquellas especies que se perdieron ya no podrán ser vistas nunca más. Sin embargo, quizá nuestra generación pueda ser juzgada por lo que hicimos para salvar y restaurar la flora y fauna que aún existe.

Más que un destino turístico

Las islas hawaianas fueron descubiertas en 1778 por James Cook mucho tiempo después de que los polinesios se establecieran en estas islas volcánicas. Los primeros pobladores apreciaban las hermosas plumas de varias especies de aves y las cazaban para elaborar capas y otros atuendos. Pero la llegada de Cook inauguró una era de destrucción para este entorno. La llegada de ganado, cabras y conejos, al igual que de mosquitos transmisores de malaria y poxvirus aviar, y el protozoario parasitario *Toxoplasma gondii* se sumaron a los problemas causados por las ratas y cerdos introducidos por los polinesios.

La malaria demostró ser especialmente devastadora al provocar la desaparición de varias poblaciones aviares en altitudes bajas donde los mosquitos prosperaban. De hecho, la malaria aviar causó un serio declive o extinción en al menos 60 especies aviares endémicas del archipiélago. Este declive se debió a que estas especies habían evolucionado sin la presencia de este microorganismo, por lo cual sus poblaciones eran simplemente incapaces de enfrentarse a la nueva enfermedad. Una buena noticia fue que aquellas aves que sobrevivieron el establecimiento de la enfermedad, como los túrdidos, muestran resistencia, pero muchas otras, como el amenazado akikiki de Hawái, son todavía vulnerables.

En el año 2002 el *alala* o cuervo hawaiano fue agregado a la lista de especies extintas en estado silvestre. Históricamente se encontraba en la isla principal de Hawái, pero el descubrimiento de huesos en Maui indica que posiblemente también habitaba esta isla antes de la llegada de los humanos. Este cuervo habitaba originalmente los bosques secos y húmedos en altitudes por debajo de los 300 metros sobre el nivel del mar, pero para el año 1992 los 11 o 12 individuos que quedaban de esta especie estaban confinados a las zonas montañosas de la isla. Ese fue el último año que un polluelo de cuervo emplumó.

El declive del cuervo hawaiano se debió a causas similares a las de otras extinciones: la depredación por especies exóticas (especialmente ratas y mangostas asiáticas), la introducción de enfermedades y la pérdida de su hábitat. Mientras los gatos ferales propagaban la toxoplasmosis (enfermedad que puede afectar a los cuervos), rancheros y cafetaleros veían a los cuervos como plaga y los atraían imitando sus cantos para luego dispararles. Por estas razones, salvar a la especie implicaba sacarla de su estado silvestre. Actualmente sólo 6 individuos de cuervos hawaianos sobreviven en un centro de reproducción en cautiverio, pero el riesgo de endogamia (reproducción entre individuos genéticamente emparentados) es una

Las personas que habitan en regiones continentales suelen ver a todas las especies de cuervos como plagas, lo que en ocasiones puede llegar a suceder con algunas especies. Sin embargo, el caso del cuervo hawaiano o alala es otra historia. Ahora se encuentra extinto en estado silvestre debido a las mismas amenazas que se ciernen sobre el resto de la fascinante avifauna hawaiana: las enfermedades transmitidas por mosquitos, la deforestación, la depredación por mangostas y ratas introducidas y la destrucción de la vegetación original por cerdos. Los intentos para reintroducir a estos cuervos han fallado debido a la depredación por halcones hawaianos, que irónicamente están en peligro de extinción también.

preocupación. Debido a que la reintroducción a su medio natural sigue siendo la única posibilidad de que la especie resucite, en el año 2009 el Servicio de Pesca y Vida Silvestre de los Estados Unidos anunció un plan de cinco años con un costo de 14 millones de dólares para evitar su extinción por medio de la protección del hábitat y la disminución de amenazas (por ejemplo, erradicando a los depredadores introducidos). Este será un proyecto difícil, pues esfuerzos similares realizados con otras especies no han funcionado. Sin embargo, a pesar del riesgo que implica, vale la pena intentarlo por la posibilidad de que la especie gradualmente logre recuperarse.

Dos guacamayas rojas esperan perchadas en una rama antes de tomar el vuelo hacia una colpa en el Amazonas. Las guacamayas usualmente frecuentan las orillas descubiertas del río donde, sobre todo en la época reproductiva, se alimentan de arcilla. Antes se pensaba que se alimentaban de este barro para neutralizar las toxinas de las semillas que consumían, pero estudios recientes indican que lo consumen por su contenido en sales, ya que el cloruro de sodio es escaso a causa de la lejanía de las costas orientales.

5. AVES EN APUROS

THEODORE ROOSEVELT, PRESIDENTE CONSERVACIONISTA de Estados Unidos, sabía lo que significaba perder una especie de ave. Por ello escribió lo siguiente:

> La exterminación de la paloma pasajera significó que la humanidad fue un tanto más pobre; exactamente como en el caso de la destrucción de la catedral de Reims. Y perder la oportunidad de ver aves fragatas remontar en círculos por sobre la tormenta o una línea de pelícanos aleteando camino a casa a través del resplandor carmesí del ocaso o una miríada de estorninos destellando en la brillante luz del mediodía mientras sobrevuelan la playa en un laberinto cambiante. Porque esta pérdida es como la pérdida de una galería de obras maestras de artistas de tiempos antiguos.

Desafortunadamente los miedos de Roosevelt se hicieron realidad a medida que fue avanzando el siglo XX. Hoy miles de poblaciones de aves penden de la punta de sus alas y si continuamos actuando del mismo modo, conforme el cambio climático se acentúa y se añade a los efectos de la destrucción del hábitat, la cacería y otros ataques que el ser humano ha efectuado contra la naturaleza, es probable que gran parte de la fauna silvestre desaparezca a lo largo de este siglo. Más allá de perder a las especies en sí, también perderemos los importantes papeles que desempeñan en nuestras vidas, que van desde lo estético hasta los servicios ambientales como el control de plagas de insectos.

Medianoche para las guacamayas

La última guacamaya de Spix silvestre fue vista en Brasil en el año 2000. Esta guacamaya obtuvo su nombre común gracias a su descubridor, un naturalista alemán llamado Johann Baptist von Spix. La principal causa del declive de esta especie ha sido la caza excesiva, aunque no para alimento humano (las personas no suelen comer guacamayas) sino para venderlas como mascotas debido a su peculiar belleza. Aun cuando las guacamayas estaban al borde de la extinción, numerosos reportes indican que este tráfico continuó hasta que ningún ave quedaba para ser capturada, enjaulada y vendida. Esta especie se encuentra extinta en estado silvestre.

La evidencia genética indica que antes de que estas aves se volvieran mascotas, el número de guacamayas de Spix ya era bajo. Esta especie se encontraba habitando principalmente en bosques ribereños (también llamados bosques de galería) y en paisajes abiertos donde anidaban en diferentes especies de árboles como el lapacho (caraibas). Solían alimentarse de frutos de dos especies de plantas pertenecientes a la familia *Euphorbiaceae*. El declive de las guacamayas por el comercio de mascotas se aceleró debido a la pérdida de los bosques donde habitaban y, quizá, por la cacería de algunos individuos.

Otro problema fomentado por los humanos y que posiblemente afectó a las guacamayas fue la llegada de las abejas africanizadas. A lo largo de los siglos, los humanos han domesticado a las abejas para obtener sus productos: miel y cera. En Brasil se introdujo la abeja italiana para obtener estos productos, pero el clima tropical no le era favorable y resultó una productora de miel poco eficiente. Las abejas africanas, en cambio, parecían ser una buena opción pues su región de origen tenía un clima más similar y allá su miel era codiciada por mamíferos y aves; desafortunadamente eran muy agresivas. Por tal motivo, un famoso genetista de nombre Warwick Kerr pensó en cruzar a las abejas africanas con las italianas que ya existían en Brasil para obtener una variante que fuera buena productora de miel en condiciones tropicales, pero menos agresiva. Sin embargo, antes de que Kerr pudiera desarrollar estos híbridos, uno de los técnicos brasileños de la estación de investigación liberó a algunos enjambres africanos que se encontraban en el laboratorio. Los motivos del apicultor siguen siendo desconocidos, tal vez fuera un accidente, pero una vez libres estos enjambres se cruzaron con las abejas europeas locales, generando lo que actualmente conocemos como "africanización" de las abejas en la América tropical. Desafortunadamente, resultaron más agresivas y menos productoras de lo que Kerr hubiera esperado. Al invadir los huecos donde normalmente anidan las guacamayas, las agresivas abejas africanizadas se convirtieron en otra de las causas que llevaron a la guacamaya de Spix a la extinción. Sus característicos ataques masivos también han sido responsables de la muerte de numerosas personas.

En un giro conmovedor, el último macho salvaje de la guacamaya de Spix fue descubierto en 1990 emparejado con una hembra. Pero la hembra con la que el macho de Spix intentaba reproducirse no era de su misma especie, sino una guacamaya de maracaná lomo rojo. Aunque esta "pareja dispareja" se apareó y puso huevos, éstos, como era de esperarse, resultaron infértiles. Ante esta situación, los conservacionistas intentaron juntar a este macho con una hembra de Spix que había nacido en cautiverio. La hembra fue liberada en el territorio donde se encontraba la pareja, pero el macho no mostró ningún tipo de interés en ella. Tristemente, la hembra se estrelló contra unos cables eléctricos y desapareció. Esta experiencia muestra cuán complicadas pueden ser la aclimatación de un ave de cautiverio y la reintroducción exitosa de especies a la naturaleza. En cuanto a la "pareja dispareja", seguramente continuaron juntos hasta enero del año 2000, cuando ambos desaparecieron.

Hoy más de 70 guacamayas de Spix se encuentran en cautiverio y son parte de programas de reproducción liderados por conservacionistas. Para reducir los riesgos de perder variabilidad genética, debido a la endogamia, se han realizado intercambios de individuos entre varias instituciones que se dedican a su conservación. A pesar de estos esfuerzos, los responsables temen liberar a las guacamayas y que sean capturadas para ser vendidas como mascotas. Actualmente, varios individuos se encuentran en la Reserva de Vida Silvestre Al-Wabra (AWWP) en Qatar, lejos de su natal Brasil. En el año 2009 AWWP anunció la compra de 2,200 hectáreas de tierra en Brasil, en el área donde fue vista la última guacamaya en estado silvestre.

En un meticuloso proceso para recuperar el hábitat de los guacamayos, el primer paso ha sido eliminar el ganado para permitir que los árboles esenciales para su reproducción puedan regenerarse. Este admirable trabajo demuestra cuánto dinero y esfuerzos se necesitan para darle a una sola especie, que se extinguió en estado silvestre, una nueva oportunidad. También muestra cómo, desde un principio, habría sido más sencillo proteger a las poblaciones antes de que fueran exterminadas.

Tan solitario como estaba el último guacamayo de Spix, su situación posiblemente sea compartida por las otras diecisiete especies de guacamayas. Estos hermosos, longevos y sociales loros están siendo amenazados por la deforestación y la captura para el lucrativo negocio del tráfico de mascotas. La guacamaya Jacinta, la más grande del grupo, tiene una población que cuenta con menos de mil individuos. Su pariente la guacamaya añil tiene una población en estado silvestre de menos de cien individuos que viven al noreste de Brasil, donde los campos de palmeras, de los cuales dependen para obtener alimento, han sido reducidos a pequeños remanentes.

Afortunadamente hay un gran interés por ambas especies, por lo que algunos terratenientes y diversos grupos conservacionistas locales están trabajando para mantenerlos en vida libre.

¿Será realmente tan importante tener a un ave azul en tu departamento de Nueva York, Manaos o Hong Kong? ¿Estamos dispuestos como sociedad a permitir que el comercio de fauna silvestre no sea regulado o permanezca regulado incorrectamente? Los problemas que perjudican a las guacamayas son problemas humanos y, al parecer, para nosotros suele ser más importante tener una mascota, un pedazo de tierra o talar árboles, que nuestra ética e interés por proteger la naturaleza. Y cuando una especie está amenazada a causa de nuestra irresponsabilidad, terminamos gastando diez o cien veces más de lo que habría costado su protección si hubiéramos exigido políticas orientadas al cuidado de las especies y sus hábitats. Incluso sería mejor si pudiéramos adoptar una política global que de manera justa, humana y gradual, limitara la población de *Homo sapiens* y el sobreconsumo de los ricos (que paralelamente incrementa el consumo de los pobres). Sólo entonces podríamos darle un lugar a los sistemas naturales de los que depende toda la humanidad.

La grulla trompetera

La grulla trompetera es el icono de la conservación de las grullas. Esta hermosa ave blanca es oriunda de Norteamérica, mide 1.5 metros y ha estado al borde de la extinción por décadas. Sus poblaciones antes alcanzaban las decenas de miles, pero en un momento llegaron a tener solamente de 15 a 20 individuos. La destrucción de los humedales fue una de las principales causas de su disminución, aunque la cacería también desempeñó un papel importante. Las

agencias de gobierno de Canadá y Estados Unidos han trabajado intensamente para revertir su declive. Actualmente hay cientos de individuos en vida libre y 150 en cautiverio, aunque la especie no está todavía totalmente a salvo.

En 2013 el gobierno federal de Estados Unidos entró en conflicto con el gobierno de Texas cuando este estado sufría una sequía prolongada (posiblemente relacionada con el cambio climático). El sitio invernal de una de las principales poblaciones de grullas trompeteras, la bahía de San Antonio, no recibía suficiente agua a causa de la sequía y murieron 29 grullas. Para recuperar al hábitat vital de las grullas, un juez federal ordenó trasladar agua de dos importantes ríos hacia la bahía, lo cual disminuía la cantidad de agua disponible para fines agrícolas y urbanos. Por su dependencia de los humedales, incluso con estas medidas las grullas estarán en permanente batalla con la agricultura por el conflicto implícito en el uso del agua. La lluvia puede ayudar a disminuir las tensiones, pero con las perturbaciones climáticas que están ocurriendo es probable que las sequías se vuelvan más frecuentes. En esta ocasión las grullas se salvaron, pero, por lo general, las soluciones económicas a corto plazo triunfan sobre las necesidades ecológicas de la vida silvestre.

Águilas en peligro de extinción

Un ave de gran tamaño exitosamente rescatada de la extinción es el águila calva, símbolo de Estados Unidos de América. La famosa ave rapaz estaba al borde de la extinción con una población aproximada de 500 parejas a mediados del siglo XX, pero logró recuperarse hasta superar 10 mil parejas a inicios del siglo XXI. Las águilas sufrían por el cambio de uso de suelo, la reducción de fuentes de alimento,

La impresionante grulla trompetera, con una envergadura de hasta 2.4 metros, se encuentra amenazada por el cambio climático, el cual probablemente contribuye a que haya sequías más frecuentes en los humedales donde se reproduce.

la cacería y matanza fortuita y, de manera más importante, por envenenamiento con DDT (dicloro difenil tricloroetano). La acumulación de DDT en las hembras adelgazaba la cáscara de los huevos y los padres terminaban sentados sobre "omelettes" en vez de huevos. El águila calva fue salvada cuando fue incorporada como especie amenazada a la lista de especies en peligro de extinción de la Ley Federal de Especies en Peligro de Extinción de Estados Unidos (1973). Esta ley prohibía la caza de águilas e iniciaba esfuerzos para proteger sus hábitats. Algunas medidas similares realizadas en Canadá, junto con la prohibición del DDT en Norteamérica, lograron que la especie se recuperara.

Pero algunas especies de águilas tropicales no han tenido tanta suerte. El águila arpía americana tiene una envergadura de hasta 2 metros y es capaz de capturar a un mono sobre las copas de los árboles de la selva tropical. Estas águilas son depredadores formidables, pueden volar a 80 km/h y están armadas con garras del tamaño de las del oso gris. Las águilas arpía se alimentan de monos, ardillas, coatís, osos perezosos, puercoespines y gran variedad de otros animales. A pesar de ser extraordinarias, estas aves están desapareciendo gracias a las actividades de otro animal formidable, el *Homo sapiens*. Estas águilas requieren grandes extensiones de selva continua para cazar, por lo que son incapaces de sobrevivir a la continua

64

Las aves rapaces tropicales como el águila crestuda real están en declive debido a la fragmentación de su hábitat, la disminución de la abundancia de sus presas y la cacería. Las águilas son el mayor depredador aéreo en los trópicos; sobrevivirán solamente si se protege una superficie suficiente de su hábitat.

expansión de la infraestructura humana, que devasta la tierra y fragmenta los paisajes, ahora dominados por humanos a lo largo de todo Centroamérica. Lo que alguna vez fue un impenetrable hábitat selvático que se perdía hasta el horizonte ha sido rápidamente convertido en pequeños parches de bosque separados por áreas desnudas llenas de ganado, carreteras, cables, cercas y poblados.

Para colmo, estos magníficos depredadores no tienen ninguna protección contra los dardos, flechas y balas de los cazadores. Algunas de las historias que promueven la cacería mencionan que atacan a los animales domésticos y que a veces capturan bebés (lo cual es probablemente falso). Además, esta especie es de reproducción lenta; una pareja produce un solo polluelo cada par de años. Como resultado, estas águilas están prácticamente extintas en Centroamérica y su población está disminuyendo rápidamente en Sudamérica.

El águila monera filipina, también conocida como águila come monos, es ligeramente más alta que el águila arpía, y tiene una conducta y necesidades similares, por lo que se enfrenta a las mismas amenazas que su pariente del Nuevo Mundo. Sin embargo, debido a que su rango geográfico es incluso más reducido, el águila monera de Filipinas está más amenazada que el águila arpía. Actualmente existen menos de 500 águilas filipinas en vida libre. El crecimiento poblacional humano en las ya sobrepobladas Filipinas (su densidad poblacional es el doble de la de China y 10 veces superior a la de Estados Unidos) amenaza a esta maravillosa águila, al igual que al resto de la avifauna del país y a los mismos filipinos.

Parte de la culpa de la desastrosa situación de Filipinas está en la actuación del cardenal Jaime L. Sin (1928-2005), quien declaró la guerra a los anticonceptivos. Al crecer rápidamente, las poblaciones humanas se expandieron eliminando la vegetación nativa y destruyendo ecosistemas naturales que fueron ocupados por asentamientos marginados y sin infraestructura adecuada que ahora representan un riesgo para sus habitantes. Parte de los terribles efectos del tifón Hayde en el año 2013, contados en pérdidas materiales y pérdida de vidas humanas, fue sin duda causada por la pobreza y la sobrepoblación.

Plancton aéreo

Un aspecto preocupante del declive de las aves es la seria disminución de especies insectívoras. El cielo está repleto de plancton aéreo compuesto por insectos y otros artrópodos pequeños. Las arañas con capacidad de vuelo usan sus ligeros hilos de seda a modo de velas para ser arrastradas por el viento. Este tipo de arañas puede alcanzar una densidad de varios millones de individuos por kilómetro cuadrado y desplazarse hasta 150 metros de alto. Estas especies son el alimento de aves como las golondrinas y los vencejos, los cuales pasan la mayor parte de su vida en vuelo, a diferencia de los tiránidos que se perchan en lugares altos y vuelan solamente para buscar presas.

Un informe reciente de los miembros de la Sociedad Audubon de Connecticut señala que en Estados Unidos los vencejos espinosos, las golondrinas purpúreas y los atajacaminos se han convertido en especies raras. Las causas incluyen desde la sustitución de los techos de grava, que favorecían la anidación de los tapacaminos, por techos modernos; la pérdida de sitios de anidación proporcionados por los humanos (en especial para la golondrina purpúrea); la presencia de DDT en los sitios de hibernación de las aves en Sudamérica; así como cambios en la abundancia y composición del plancton aéreo. Las causas de esto último siguen siendo poco claras.

La reducción en el número de estas aves que actúan como aspiradoras voladoras parece ocurrir en todo el mundo. En Canadá, por ejemplo, se está presentando una dramática disminución de la población de tapacaminos, de la cual no existen datos concretos. Otros insectívoros aéreos como la golondrina común (la más ampliamente distribuida de todos) y el avión zapador también parecen estar en problemas. Lo que es claro acerca de esta situación es que los insectívoros aéreos son los principales depredadores de los mosquitos, los cuales no sólo molestan al picar, sino que actúan como vectores de muchas enfermedades infecciosas como la encefalitis viral, el virus del Nilo Occidental, el dengue, la fiebre amarilla y la malaria. En consecuencia, los problemas de estas hermosas aves también nos afectan a nosotros.

Aves ambulantes

Excepcional entre las aves no voladoras es el avestruz, el ave más grande del mundo, la cual pesa 114 kilogramos. Con sus magníficos abanicos de plumas y su particular manera de correr (hasta 70 km), los avestruces son uno de los principales atractivos del ecoturismo africano. Sus piernas y talones afilados tienen una fuerza increíble y si un avestruz se encuentra arrinconado puede ser mortal. Pero a

Emblemáticas de África, los avestruces son el ave más grande del mundo al igual que el más veloz. Han disminuido en número, sobre todo en Medio Oriente donde su población se extinguió hace medio siglo, pero de manera global siguen estando ampliamente distribuidos. Actualmente son criados por su carne. En ocasiones ocurren reportes de que han destripado a una persona que tontamente se atrevió a acorralarlos.

pesar de su gran fuerza los avestruces suelen huir del peligro cuando se sienten amenazados, o bien se esconden metiendo la cabeza en el suelo dejando solamente el lomo visible. Este hábito dio origen a la comparación entre los políticos y estas aves porque, al igual que los primeros, éstas esconden la cabeza ante un problema.

En los últimos cientos de años las poblaciones de avestruces han ido disminuyendo de manera importante, extinguiéndose en el Cercano Oriente y manteniéndose críticamente amenazadas en el norte de África. En estado silvestre los avestruces son escasos en muchas regiones del África subsahariana, aunque todavía están ampliamente distribuidos y protegidos en reservas y granjas. No obstante, el tiempo que se mantenga estable su situación está por verse, pues el aumento de la población humana y el posible incremento de la pobreza en la región subsahariana podría afectarlos.

El avestruz es un ave del grupo de las ratites, nombre con el que se conoce a las grandes aves no voladoras pertenecientes a diversas familias. Según algunos científicos, las ratites descienden de antepasados no voladores que vivían en el supercontinente meridional Gondwana. Cuando este continente se fragmentó a causa del movimiento de las placas tectónicas (deriva continental) hace casi 180 millones de años, las poblaciones ancestrales del actual avestruz se separaron y evolucionaron independientemente en lo que serían distintas partes del mundo. El emú es el ave más grande de Australia y, al igual que el avestruz, es un ave ratite que pesa 18 kilogramos. El número de emús es alto y sus poblaciones son estables, por lo que podría ser descrito como una especie que se encuentra a salvo, aunque las subespecies de emú en Tasmania han desaparecido y su distribución ha sido claramente restringida a ciertas áreas. A pesar de habitar en un continente sobrepoblado, con escasez de agua y que en un futuro podría tornarse aún más seco, estas aves deben su actual y futura subsistencia a dos factores: su resistencia a las condiciones de las regiones áridas y a que son criadas por las comunidades locales como alimento.

Otra ave ratite australiana es el casuario austral. Esta ave está desapareciendo por la destrucción de su hábitat, los ataques directos de perros ferales y la depredación de nidos por cerdos ferales. El casuario es un ave grande (60 kilogramos) que puede ser agresiva; existen reportes de que puede atacar a personas si éstas lo provocan. Los casuarios pueden a veces acercarse a las zonas de campismo en busca de comida y, con suerte, algunos campistas pueden llegar a ver a un macho cuidando a sus hermosos polluelos rayados. Pero la prudencia sugiere no acercarse demasiado, ya que sus poderosas piernas terminadas en una afilada pata pueden ser letales. El casuario austral parece condenado a unirse a las muchas otras criaturas que ya se han extinto en el biológicamente diverso, pero altamente vulnerable, continente de Australia.

Las ratites están representadas en Sudamérica por el ñandú. Con un peso de 23 kilogramos, los ñandús tienen solamente un quinto del tamaño de los avestruces y, como los casuarios, también están desapareciendo. A pesar de su amplia distribución, les afectan la rápida conversión de pastizales a áreas agrícolas y la cacería, pues hay quienes los consideran una plaga y los buscan para obtener su piel y carne. Un raro giro en su historia se dio cuando un grupo de ñandús escapó de una granja en Alemania y logró sobrevivir por sí mismo, fundando así una pequeña población feral. Actualmente esta población se encuentra protegida y vive como lo haría en Sudamérica.

Los famosos kiwis de Nueva Zelanda son también aves no voladoras y seguramente las más extrañas de las ratites. Existen cinco especies de estas aves nocturnas con fuertes patas. Todas ellas poseen picos largos con nostrilos (aberturas nasales) cubiertos de terminales sensibles que les ayudan a encontrar invertebrados y frutas en el suelo. Sus plumas asemejan un pelaje. Los kiwis normalmente son monógamos y las hembras ponen huevos que, en relación al peso del adulto, son los más grandes de todas las aves. Su reproducción es lenta, ya que ponen un huevo al año y el tiempo de incubación es de 10 a 12 semanas. Una vez que eclosionan los polluelos pasan poco tiempo

Todas las especies de kiwis neozelandeses *(arriba)* están desapareciendo. Estas aves nocturnas no voladoras son bastante vulnerables a depredadores introducidos, incluyendo ratas, gatos, zarigüeyas y perros. El famoso y muy amenazado kákapu *(abajo)*, el loro no volador de Nueva Zelanda, sigue siendo nocturno aun después de la extinción de su depredador diurno, el águila de Haast, la cual hostigaba a sus ancestros y a las moas.

en el nido, máximo unos cuantos días, antes de empezar a alimentarse por su cuenta.

Todas las especies de kiwis están en peligro de extinción. Los problemas a los que se enfrentan van desde los depredadores importados (especialmente perros, gatos y armiños), hasta la destrucción del hábitat y los atropellamientos en las carreteras. Las dos especies más amenazadas son el rowi (kiwi pardo de Okarito) y la población de kiwis cafés de Haast (tokoeka). Estos singulares kiwis habitan en las frías montañas del distrito de Westland en la isla sur de Nueva Zelanda. Se calcula que su población cuenta con sólo algunos cientos de aves y el mayor problema al que se enfrentan es la muerte de polluelos por armiños introducidos, también conocidos como comadrejas de cola corta. Todas las poblaciones de kiwis no vigiladas están en decadencia, aunque la buena noticia es que los grupos comunitarios y las fundaciones que tratan de protegerlos son cada vez más comunes. Es posible que los esfuerzos realizados por estos grupos, en conjunto con el Departamento de Conservación de Nueva Zelanda, puedan mejorar la situación de los kiwis.

Una de las más extrañas e inusuales aves no voladoras es el kákapu o kakapo de Nueva Zelanda. Esta ave es el único loro incapaz de volar y también el más pesado de todos; los machos pueden llegar a pesar más de dos kilogramos. Los kákapus pueden almacenar grandes cantidades de grasa corporal, despiden un olor fuerte y despliegan un increíble y resonante canto durante el apareamiento. Originalmente eran presas de la ahora extinta águila de Haast (la misma que se alimentaba de moas) y por ello tenían más bien hábitos nocturnos, mientras que en el día usaban su camuflaje y permanecían inactivos.

Pero las defensas del kákapu probaron ser inútiles frente a los nuevos cazadores introducidos como los hurones, comadrejas, ratas y gatos. La depredación junto con la destrucción del hábitat redujo la población de estas aves de reproducción lenta hasta unos 100 individuos. Hace dos décadas, en un esfuerzo urgente para salvar a esta especie, los conservacionistas reunieron y transfirieron a los kákapus silvestres restantes a pequeñas islas libres de depredadores. Actualmente existen cerca de 120 individuos.

Aves nadadoras

El cormorán mancón de las islas Galápagos es un ave no voladora, con un aspecto menos inusual que el del kákapu y los kiwis y, además, es la especie más grande de su familia. Esta ave caza peces bajo el agua y, al igual que otros cormoranes, perdió la habilidad de volar debido a la ausencia de depredadores. A diferencia del kákapu que solía tener una amplia distribución, este cormorán siempre estuvo restringido a un grupo de pequeñas islas y actualmente su población es de sólo 2 mil individuos. Los perros ferales son su mayor problema y, aun cuando han sido exterminados de una de las islas, la posibilidad de introducción de ratas y gatos, al igual que la constante amenaza de derrames de petróleo, siguen siendo el mayor factor de riesgo para ellos.

La pesca también es un problema para estas aves, ya que representan una competencia para los pescadores y muchas de ellas mueren en las redes de pesca. Otro peligro al que se enfrentan es el cambio climático, pues eventos más severos como el fenómeno de El Niño (patrones climáticos desencadenados por el calentamiento periódico de la superficie oceánica del Pacífico tropical oriental), una terrible tormenta o serie de tormentas, podrían destruir a toda la especie si el tamaño de la población disminuye demasiado.

El último grupo de aves no voladoras que se encuentra en peligro es uno bastante conocido: el de los pingüinos. Aunque solemos relacionarlos con la Antártida, de hecho, especies como el pingüino de las Galápagos habitan el hemisferio norte, cerca del Ecuador. Como es de esperarse, las mismas fuerzas que ponen en peligro al cormorán también amenazan a esta especie de pingüino. Los pingüinos más meridionales habitan los océanos que circundan el continente antártico y pequeñas islas al norte de éste, Nueva Zelanda, las costas del sur de Australia, África y Sudamérica. En algunos lugares es relativamente sencillo pasear a través de colonias de cientos a miles de individuos de pingüinos de Adelaida, barbijo, papúa o rey. Una de las experiencias más increíbles es escuchar el parloteo de las parejas reunidas, observar a los adultos regresar después de sus viajes en el mar y regurgitar el alimento para sus impacientes polluelos, así como observar a los tramposos que roban rocas de los nidos de otras parejas. Los animales bípedos que los observan no son vistos como una amenaza.

Con frecuencia los pingüinos reaccionan a la defensiva ante los petreles y págalos o skuas (aves marinas relacionadas con las gaviotas) que sobrevuelan buscando una oportunidad para robar un huevo o un polluelo. Al borde del hielo uno puede observar cómo los pingüinos realizan una "cortés" rutina estilo "después de ti", mientras apresuran a los demás para entrar al agua, vigilando que no sean devorados por las focas leopardo que usualmente están a la espera o por las orcas que también cazan a los pingüinos en el mar.

La amenaza de depredadores naturales es sin duda una preocupación ancestral de los pingüinos, pero ahora se enfrentan a la explosión pesquera en las aguas de la Antártida a medida que los humanos buscan más fuentes de proteína en los océanos agotados. Los buques pesqueros drenan el suministro de comida de los pingüinos, los cuales requieren cazar

El pingüino emperador, la estrella de la película *La marcha de los pingüinos*, es el más grande de todos. Esta ave se reproduce en invierno en las costas congeladas de la Antártida, donde el macho balancea por dos meses el huevo entre sus patas, hasta que eclosione, dentro de una especie de bolsa de anidamiento para evitar que se congele. Como a la mayoría de los animales polares, a este pingüino se le considera amenazado por el cambio climático.

por más tiempo en esas aguas peligrosas. Los pingüinos que habitan las costas de Sudamérica y África también se ven severamente afectados por la contaminación de petróleo causada por la frecuente descarga ilegal (e inmoral) de agua de lastre de barcos petroleros.

Pero la amenaza más grande para todos los pingüinos es el cambio climático antropogénico. Ellos dependen de la distribución del hielo marino y del krill, pequeños crustáceos que son fundamentales en la red trófica de la Antártida. Se espera que ambos, la cantidad de hielo marino y la abundancia de krill, cambien rápidamente en las siguientes décadas; estas alteraciones probablemente condenarán a algunas poblaciones de pingüinos.

El ave norteamericana más grande

Incluso con el inmenso Gran Cañón de fondo es posible apreciar el gigantesco tamaño del cóndor californiano. En el pasado estas grandiosas aves surcaban las corrientes térmicas de una gran parte de Norteamérica. Esta especie carroñera se distribuía antiguamente desde Nueva Inglaterra hasta la Columbia Británica en Canadá y de Florida hasta Baja California en México. Su rango de distribución y población disminuyó dramáticamente desde hace 10 mil años, durante el Pleistoceno, cuando muchos de los mamíferos grandes del hemisferio occidental fueron exterminados. La extinción de estos mamíferos significó una severa reducción en el suministro de comida del cóndor, que consistía en cadáveres de criaturas como mamuts y osos perezosos gigantes.

Los cóndores todavía eran comunes hasta tiempos recientes, pero su población decayó rápidamente durante el siglo XX a raíz de la perturbación de su hábitat, la electrocución con líneas de alta tensión, el envenenamiento con plomo causado por la ingesta de cadáveres de animales cazados que aún contenían municiones y por la cacería directa. Los cóndores son otra especie de reproducción lenta que ha sufrido un aumento en su tasa de mortalidad y si estos dos factores siguen combinándose, sin un seguimiento adecuado llegarán a la extinción. En 1983 la población del cóndor californiano cayó hasta un increíble número de 22 aves. Unos años más tarde el cóndor se declaró extinto en estado silvestre, después de que los últimos seis individuos fueran capturados y trasladados a un programa de reproducción y recuperación de la especie. La diversidad genética de las aves en cautiverio se mantuvo gracias a programas de intercambio con diferentes instituciones.

Las hembras adultas de cóndor californiano normalmente ponen un huevo cada dos años, pero si el huevo se rompe o el polluelo muere, suelen poner un huevo de repuesto. Los biólogos utilizaron este comportamiento para acelerar su recuperación: quitaban el huevo anidado y luego lo incubaban artificialmente. Los zoológicos de San Diego y Los Ángeles han llevado a cabo este complejo y masivo esfuerzo de conservación. Para evitar el riesgo de que los polluelos en cautiverio se improntaran y pensaran que los criadores humanos eran sus padres, se utilizaban muñecos con aspecto de cóndor para alimentarlos. Otra medida tomada durante la crianza fue incluir cóndores adultos en el mismo corral para evitar que los polluelos desarrollaran cualquier percepción conductual errónea.

Desde 1991 los cóndores han sido gradualmente reintroducidos al medio silvestre. Para minimizar la probabilidad de contagios, las aves fueron vacunadas contra enfermedades como el virus del Nilo Occidental. La primera liberación tuvo problemas, ya que los cóndores aterrizaron en casas, caminaron a lo largo de caminos y carreteras y pedían comida a humanos desconcertados. Lamentablemente muchos de estos cóndores murieron a causa de colisiones contra líneas eléctricas e ingesta de anticongelante derramado en las carreteras. Estos fracasos inspiraron programas de entrenamiento para que las aves aprendieran a evitar a los humanos. Por ejemplo, se colocaban estructuras con forma humana dentro de los corrales que emitían un shock eléctrico cada vez que los cóndores jóvenes se acercaban a ellas. De manera similar, los cuidadores de los zoológicos acosaban intencionalmente a los cóndores para que no se acercaran a los humanos una vez que fueran liberados.

En la actualidad existen más de 450 cóndores de los cuales 180 se encuentran en vida libre. La población y el rango de distribución de estas aves están aumentando con poblaciones silvestres restablecidas en California, Arizona, Utah y México. La liberación de cóndores californianos en el Parque Nacional San Pedro Mártir en Baja California, México, fue un triunfo de diplomacia internacional entre ambos

Este buitre gigante, el cóndor de California, se alimentaba de los restos de la megafauna del Pleistoceno. Ahora los cóndores liberados en el medio silvestre llevan a cabo esos servicios de sanidad consumiendo cadáveres de criaturas de menor tamaño.

países, pues el cóndor californiano había desaparecido de México en los años treinta y, desde entonces, su silueta estuvo ausente de los profundos cañones y majestuosas montañas del parque nacional. En 2011 las aves fueron reintroducidas a esta remota región y después de décadas, sus sombras regresaron a estos antiguos paisajes. En 2017 nació la primera cría en vida silvestre y la población actual es de cerca de 40 individuos.

La ingesta de plomo sigue siendo una gran amenaza para los cóndores silvestres, por lo que se han implementado programas educativos que promueven el uso de municiones sin plomo. Además, en 2008 se aprobó una legislación en California para prohibir el uso de balas con plomo en actividades de cacería dentro del área de distribución del cóndor, aunque la instalación de turbinas eólicas (una forma de energía verde) también lo ha puesto en peligro. Este ejemplo muestra la complejidad y dinamismo de los problemas de conservación.

Los heroicos esfuerzos humanos parecen haber salvado al cóndor californiano de la extinción, al menos por ahora. No obstante, el costo para conservar esta especie ha sido de 35 millones de dólares. Sigue existiendo una constante discusión acerca de la cantidad de dinero que se usó y si habría sido mejor usarla en otro esfuerzo de conservación. Si bien hay preocupación porque sean sólo las especies carismáticas las que atraigan la mayoría de los fondos, si ese dinero no hubiera sido invertido en los cóndores en realidad tampoco existe ninguna garantía de que ese capital hubiera sido usado en algún otro programa de conservación.

El extraño rascón

Un esfuerzo similar al del cóndor californiano buscó salvar a un ave mucho más pequeña y solitaria: el rascón de Guam. Esta ave de humedal endémica de la isla del mismo nombre, en el Pacífico occidental, pasó de ser común a desaparecer precipitadamente a inicios de los años ochenta, básicamente a causa de la depredación por parte de la serpiente arbórea marrón que fue introducida por accidente (seguramente desde Melanesia) después de la Segunda

Guerra Mundial. Los pocos rascones que quedaban en estado silvestre fueron capturados y trasladados para iniciar un programa de reproducción en cautiverio. Después, en 1998 fueron reintroducidos a la isla, pero lamentablemente, en 2002 ninguno fue detectado, ni siquiera en aquellas áreas libres de serpientes. Aunque había evidencia que sugería que los rascones liberados se habían reproducido, no se encontró ningún individuo con vida. En un esfuerzo paralelo que inició en 1995, más de cien rascones de Guam fueron liberados en la cercana isla de Rota y pese a que inicialmente fue un fracaso, actualmente hay 200 individuos en libertad en la isla. Adicionalmente, en 2010, 16 rascones fueron introducidos a la isla Cocos, un pequeño islote de 33 hectáreas, cerca de Guam. Antes se habían erradicado las ratas introducidas, por lo que la isla resultó ser un lugar adecuado para la sobrevivencia de la especie. Ahora existen alrededor de 80 rascones allí. Adicionalmente, más de 200 de ellos forman en la actualidad parte de programas de reproducción en cautiverio en Estados Unidos y existen planes de liberar más rascones en Guam.

La estrategia de estos planes es simple: erradicar a las serpientes y a los gatos ferales de aquellas áreas con potencial para la reintroducción y esperar a que la población de rascones se restablezca. La efectividad de estos esfuerzos está por verse, ya que el resto de la avifauna de Guam no corrió con tanta suerte. Esto se debió a que cuando los europeos llegaron a Guam, de las 11 especies de aves boscosas que se encontraban en la isla, ninguna contaba con mecanismos que le permitieran defenderse de depredadores como la serpiente arbórea marrón. Todas estas especies desaparecieron poco después de la aparición de este reptil.

Al sur de Guam, en las islas Carolinas, muchas poblaciones y especies han seguido el mismo camino,

aún en ausencia de la serpiente arbórea marrón. Mientras que la situación de algunas especies, como el estornino de Micronesia, el carricero, la salangana de las Carolinas y el lori de Ponapé es aceptable, otras aves podrían estar en vías de extinguirse. El anteojitos de la Truk sobrevive principalmente en un parche de bosque en las alturas de la isla Tol, en el atolón de Chuuk en Micronesia. El hábitat de esta ave tiene vista a la famosa laguna que alguna vez fue la base principal de la Marina Imperial Japonesa, cuyo fondo está cubierto de restos de barcos nipones hundidos en 1944 incrustados de coral. En una condición apenas mejor (ya que difícilmente sigue con vida) está el ave paseriforme blanca llamada monarca de la Truk. Este mosquero en peligro de extinción es uno de los atractivos más interesantes de la isla. Cuando esta ave se encuentra perchada, extiende su cola enteramente blanca moviéndola de lado a lado en un hermoso espectáculo.

El patrón general en la mayoría de las islas que se encuentran en mares templados y tropicales, incluyendo las islas Carolinas así como Hawái, es que son dos los factores que impactan más severamente a estas especies. El primero es la destrucción del hábitat (especialmente de los bosques) y el segundo es la introducción de especies invasoras. Ambos fenómenos negativos pueden ser fácilmente rastreados a través de la expansión de la población humana.

Un declive similar ha sido observado en las aves que recorren los mares abiertos, pues aunque pasan la mayor parte de su vida en el mar, también necesitan de las islas para completar sus ciclos de vida. El grupo de aves pelágicas conocidas como procelariformes incluye a algunas de las especies de aves más amenazadas, tales como los petreles, albatros, pardelas y sus parientes. Estas aves son desconocidas para la mayoría de las personas, incluso para aquellas que pasan mucho tiempo en los barcos, pues sólo las ven como objetos distantes que navegan sobre las olas. Aunque algunas procelariformes como el paíño de Wilson o la pardela de Tasmania aún son abundantes, este grupo de aves es en general uno de los más amenazados, con poblaciones que a nivel global cuentan con sólo algunos cientos de individuos.

Nosotros hemos tenido la fortuna de navegar en aguas subantárticas y ver de cerca enormes albatros mientras despegan del puente de mando de un buque, pero es aún más inspirador observar a los albatros cuando llegan a islas remotas con comida para sus polluelos protegidos en nidos cilíndricos de lodo. Para esta pesada ave del tamaño de un pavo, aterrizar es una peligrosa hazaña, pues un mal cálculo podría significar la fractura de sus finas alas, lo que acarrearía la muerte tanto del padre como del polluelo. Por tanto, un albatros hará unos cuantos intentos antes de decidirse a aterrizar. Cual si fueran pilotos aviadores los albatros intentan detenerse (aumentan el ángulo de inclinación de sus alas hasta el punto que no carguen su peso completo) justo cuando van a tocar tierra. Un observador paciente puede sentarse lo suficientemente cerca para observar cómo las pequeñas plumas se alzan como una especie de capa fronteriza; la corriente suave de aire separa el ala, produciendo una turbulencia y una pérdida de soporte, lo que causa que el ave deje de volar. Este proceso ha servido de inspiración para algunos experimentos. Por ejemplo, se pegan formaciones de plumas en la superficie de las alas de los aviones que están a prueba dentro de túneles de viento con el fin de estudiar los patrones que se generan en la separación de la capa fronteriza.

Los procelariformes generalmente anidan sobre el suelo en islas libres de depredadores, pero los humanos han introducido a estas islas ratas, gatos y otros animales, cuya presencia aumenta el estrés de las especies que se reproducen ahí. Este grupo de aves también ha sido afectado por la contaminación oceánica, causada por millones de toneladas de plástico que cada año son arrojadas a los océanos. Esta contaminación tiene como consecuencia la ingesta de estos desperdicios, matando a miles de peces, mamíferos marinos y aves. Hay evidencia de que el albatros de Laysan ocasionalmente se alimenta de plástico, el cual es regurgitado al momento de alimentar a sus crías y que, por supuesto, termina por matarlas. En numerosas zonas de anidación, en islas como Midway, los sitios con crías muertas quedan marcados por pequeños montículos de plástico rodeados de huesos y plumas en descomposición.

La pesquería comercial a gran escala iguala y muchas veces excede los problemas que causa la contaminación oceánica. El creciente apetito humano por mariscos y pescado provoca que muchas especies de procelariformes, en especial los albatros, queden atrapados como pesca incidental en operaciones con líneas de pesca. Cada año más de 100 mil albatros quedan enganchados y se ahogan debido a este sistema de pesca.

En efecto, la mayoría de las aves relacionadas con los océanos están en problemas (tal vez la excepción sean algunas gaviotas). En el Atlántico norte, por ejemplo, numerosas colonias de anidación de aves marinas sufren una alta mortalidad de crías. Hasta hace no mucho tiempo la isla Flatey en la costa de Islandia rebosaba de araos comunes, frailecillos, gaviotas, fulmares, págalos y alcas, sobre todo en época de reproducción. Aproximadamente la mitad de todas las aves marinas de Islandia se reproducían ahí en vastos números; ahora sólo quedan unos cuantos individuos. En la época de reproducción la isla está cubierta por nidos abandonados, a menudo con huevos, pero sin crías, como se observaba antes. Otras colonias reproductoras en el Atlántico norte están desapareciendo. En la colonia más grande de

Los albatros están amenazados por las líneas de pesca, la cada vez menor abundancia de peces de los cuales se alimentan, la contaminación por plástico y toxinas, y el cambio climático. El albatros de cabeza gris, especie que se encuentra en rápido declive, se alimenta principalmente de calamares. Este individuo y su polluelo fueron fotografiados en un nido de lodo típico.

frailecillos prácticamente no ha habido reproducción desde el año 2005, mientras que las colonias del charrán ártico han padecido muertes masivas de crías. Entre las múltiples causas de estos fenómenos destacan la acidificación de los océanos, el calentamiento progresivo de los mares, el aumento de la frecuencia de tormentas debido al cambio climático y la creciente contaminación del planeta. Estos cambios afectan la red trófica de los océanos de la que dependen todas las aves anidando así como las condiciones de las colonias. Las toxinas provenientes de áreas industriales del hemisferio norte son especialmente problemáticas, porque son transportadas hacia el norte de la Tierra por corrientes marinas y

vientos. La contaminación desde Europa, Norteamérica y China provoca efectos aún peores en las aves marinas que se encuentran al tope de la cadena alimenticia. El mercurio, que afecta la conducta y reproducción de las aves, está ampliamente distribuido y su presencia está aumentando de manera rápida en algunos lugares. Los pesticidas, policlorobifenilos (PCB), compuestos perfluorados (PFC, como el teflón), retardantes de fuego y los plastificantes, así como los microplásticos, también son frecuentemente hallados en aves marinas.

Las actividades antropogénicas claramente están llevando a algunas poblaciones de aves marinas a la extinción, no solamente en el Atlántico norte sino también en el Pacífico tropical donde los peores estragos han sido causados por el transporte humano de animales. Éste es especialmente el caso de las ratas polinesias introducidas por los primeros invasores humanos a las islas de esta región y, posteriormente, de ratas negras que acompañaban a los europeos. Los gatos, siempre enemigos de la fauna aviar, los cerdos y otros animales domésticos también han devastado los lugares mencionados. El cálculo más reciente de la hecatombe aviar que sucedió en el Pacífico sugiere que se extinguieron cerca de 1,300 especies, pero debido a la escasez de registros fósiles, este número podría ser tan alto como 2 mil especies. Los resultados de esta catástrofe son obvios, por ejemplo, en las islas de Tahití y Pitcairn donde pululan ratas y otros animales exóticos. Tahití posee, inquietantemente, una selva tropical sin aves y sus aves endémicas están luchando por sobrevivir. Estas especies alguna vez fueron parte de una fauna relativamente rica. Pitcairn también está infestada y posee solamente un animal terrestre endémico, el carricero común, que sorprendentemente es abundante en la isla. Sin embargo, las aves marinas como las pardelas o los petreles que anidan en madrigueras han sido erradicados de muchas o todas las islas ocupadas por humanos.

Un interesante contraste puede observarse en dos de las islas que conforman al archipiélago de Pitcairn. La isla Henderson es un atolón de coral de 36 kilómetros cuadrados rodeado por acantilados de 12.5 a 15.6 metros. El acceso es difícil y la única fuente de agua dulce es un manantial que está por debajo de la línea de marea alta. Por estas razones la isla Henderson ya no está habitada por humanos. Esta isla posee cuatros especies endémicas de aves terrestres, algunas de ellas en peligro de extinción, pero no es un sitio de anidación significativo para las aves marinas. Henderson estaba infestada de ratas y aunque hubo un esfuerzo de millones de dólares para exterminarlas, este intento falló. En contraste, la isla cercana de Ducie es un atolón bajo inhabitado y libre de ratas. Es famoso como sitio de anidación de aves marinas, ya que alberga gran número de especies, incluyendo 95 por ciento de la población mundial de petreles de Murphy, 5 por ciento de la de pardelas de la isla Navidad, entre otras aves. La isla Ducie es vulnerable a inundaciones por tormentas y si el nivel del mar sigue subiendo, pronto desaparecerá bajo las olas. La esperanza radica en que las aves puedan migrar y reproducirse en la isla Henderson, lo cual depende de la exterminación de las ratas; una operación costosa y extremadamente difícil.

Los problemas de las aves asociadas a los océanos no son exclusivos de las aves marinas. Las aves zancudas que pasan el invierno en el Reino Unido están desapareciendo de los estuarios. Especies como el archibebe común, el chorlito grande, los ostreros, los zarapitos y el playero común están menguando de forma rápida. Posiblemente esto se deba a que, en respuesta al calentamiento global, los sitios invernales estén cambiando su ubicación hacia el noreste o también por un menor éxito reproductivo en sitios de anidación en el Ártico. El fracaso de su reproducción puede estar relacionado con cambios en los tiempos de migración y de aparición de los insectos; o incluso por la creciente contaminación por los químicos tóxicos de larga vida que hemos mencionado. En la mayoría de los casos no existe información precisa sobre los efectos de estos venenos en los ecosistemas y sobre los impactos combinados (y sinérgicos) de las toxinas a las que se ven expuestas las aves. Con los sistemas oceánicos afectados por el cambio climático, la acidificación, la exposición a toxinas, la basura plástica y el aumento de la sedimentación, la situación de las aves oceánicas puede ser aún más grave que la de sus parientes que habitan en tierra.

No hay tiempo que perder

El panorama que hemos presentado acerca de la situación actual de las especies de aves amenazadas y en peligro de extinción sugiere que miles de ellas están a punto de desaparecer. Poblaciones enteras de aves desaparecen semanalmente y la lista de extinciones crece cada año. Por supuesto, para algunas especies esto no es ningún problema; por ejemplo, las especies invasoras como los estorninos están prosperando en Norteamérica. Estas agresivas aves paseriformes compiten fácilmente con las especies nativas por los nidos, un factor que es limitante para las poblaciones. Las palomas, al igual que el gorrión inglés y muchas especies de gaviotas agresivas son ahora abundantes en partes del mundo donde sus ancestros nunca habitaron. La basura de los humanos provee de hábitat y recursos a las gaviotas, lo que transforma a esta alguna vez ave de la naturaleza en una especie de "rata voladora". Pero, de nuevo, estas aves son tan sólo excepciones en el patrón mundial de declive de poblaciones.

La esperanza es difícil de afianzar. El pasado no representa un ejemplo correcto en cuanto a las extinciones aviares y tampoco la situación actual. En ambas regiones, templadas y tropicales, las aves típicas de áreas abiertas están desapareciendo lentamente. En varios lugares de Norteamérica se escucha cada vez menos cantar a las aves que migran y que habitan los bosques; y las aves acuáticas también están desapareciendo. Los mejores cálculos que se tienen muestran que de las 10,027 especies de aves catalogadas por la Unión Internacional para la Conservación de la Naturaleza (UICN) 1,313 (13 por ciento) se encuentran actualmente amenazadas y 880 (9 por ciento) se encuentran casi amenazadas. En el 78 por ciento restante varias poblaciones están disminuyendo. Numerosos científicos reconocidos consideran que, si las tendencias ambientales actuales continúan, con poco o nada que se haga respecto al crecimiento poblacional, la destrucción de las áreas naturales, el descuidado transporte de especies, el aumento en el consumo y el derroche de emisiones de gases efecto invernadero, al igual que de toxinas, es posible que un tercio de todas las especies de aves, y una mayor proporción de poblaciones aviares, no existan para finales de este siglo. El futuro de estas aves, e innumerables criaturas, está en nuestras manos. Nuestro terrible pecado ético y estético podría ser menos grave si nosotros como especie nos dedicáramos a preservar la naturaleza en vez de destruirla.

El siglo XIX vio a los humanos esparcirse por todo el globo y a los mamíferos caer ante nuestros ojos. Estos cráneos de bisonte son un recordatorio de cómo, en la ausencia de una ética conservacionista, esta especie antes ampliamente distribuida casi desaparece en manos de la explotación descontrolada.

6. MAMÍFEROS PERDIDOS

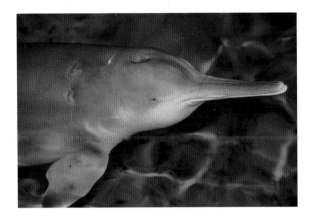

A veces llamada "la diosa del Yangtze", el baiji era una de las pocas especies de delfines de agua dulce. Era endémico del río Yangtze en China, de donde desapareció en 2007. Es el primer mamífero marino en extinguirse en los últimos 50 años. Su extinción es un triste recordatorio de nuestro ataque masivo hacia la naturaleza y del tan lamentable estado global de las criaturas de agua dulce.

HACE MUCHOS AÑOS EL NATURALISTA AMERICANO William Beebe escribió: "la belleza y genialidad de una obra de arte podrá ser recordada, aunque su primera expresión material sea destruida; una armonía desaparecida podría inspirar de nuevo al compositor de la obra. Pero cuando deja de respirar el último individuo de una especie viviente, otros cielos y otras tierras deberán pasar antes de que pueda volver a ser".

Beebe resumió correctamente esta situación. Quizá los seres vivos evolucionen y, finalmente, terminen por parecerse a los que se han perdido, pero nunca serán iguales a la versión original. Entre la multitud de animales que han desaparecido para siempre, junto con los antiguos trilobites y los gigantes dinosaurios, está una larga lista de mamíferos erradicados por el *Homo sapiens*; un siniestro recordatorio del agudo impacto negativo de las actividades humanas en la biodiversidad de la Tierra.

Entre los reinos de la vida, Animalia contiene varios phyla (plural; phylum, singular), que son una categoría en la clasificación de los seres vivos. En uno de ellos, los Cordados, se encuentra el subphylum de los vertebrados. Dentro de los vertebrados existen varias clases, incluyendo la gran clase Mammalia. Nuestra especie forma parte de ésta, la cual contiene a aquellos animales que tienen pelo y amamantan a sus crías. En nuestra clase hay más de 5,500 especies, las cuales son, taxonómicamente hablando, nuestros parientes. Nosotros los mamíferos tenemos una historia larga e interesante, ya que desde hace más de 200 millones de años evolucionamos a partir de un grupo de reptiles conocidos acertadamente como mamiferoides.

Debido a ese parentesco hay algo especialmente conmovedor sobre la difícil situación por la que están pasando los mamíferos. Algunos registros históricos y científicos sólidos indican que por lo menos 80 especies de mamíferos han pasado por las puertas de la extinción desde el siglo XVI. Alrededor de otras

30 especies se encuentran "posiblemente extintas", lo que significa que es casi seguro que estén extintas, pero que la Unión Internacional para la Conservación de la Naturaleza (UICN), que es el organismo que declara su situación, aún no les ha asignado tal estatus. Si alguien quisiera ver a algún espécimen de las 107 especies mencionadas tendrías que visitar el Museo de Historia Natural en Londres o el Museo de Historia Natural del Instituto Smithsoniano en Washington D.C. En estos lugares se almacenan los tristes recordatorios de la aniquilación biológica.

Las primeras extinciones en tiempos recientes ocurrieron en islas y en regiones templadas como el norte de África, Europa, Asia Central, Norteamérica y Sudáfrica, pero en los últimos dos siglos la mayoría de las extinciones de mamíferos ocurrieron en Australia. Actualmente existen grandes concentraciones de mamíferos en peligro de extinción en regiones tropicales del mundo como los Andes en el norte de Sudamérica; la Mata Atlántica al este de Brasil; la cuenca del Congo en África occidental y central; y China, Vietnam, Camboya, la península malaya y las islas de Indonesia en el sureste asiático.

La desgracia de Australia

Australia es el continente donde ha ocurrido el mayor número de extinciones de mamíferos y, por ello, se ha convertido en el ejemplo de los estragos que causa la introducción de especies y la destrucción del hábitat. La mayoría de los mamíferos endémicos de Australia son marsupiales, es decir, dan a luz a crías subdesarrolladas que continúan su proceso de crecimiento dentro de una bolsa ventral (marsupio) de la madre. Muchos marsupiales carecen de mecanismos de defensa fuertes debido a los pocos depredadores nativos en este continente.

Aunque muchos marsupiales coexistieron exitosamente con los aborígenes de Australia por decenas de miles de años, la llegada de los primeros europeos a inicios del siglo XVIII cambió todo. La introducción deliberada de depredadores exóticos tales como zorros y gatos, la introducción accidental de ratas omnívoras y la llegada de especies herbívoras invasoras como conejos y camellos coincidieron con la introducción accidental de patógenos. La destrucción de hábitats naturales se sumó a estos problemas. De manera desafortunada, la valoración de los frágiles ecosistemas australianos y el reconocimiento de la vulnerabilidad de su fauna marsupial llegaron tarde. El resultado de esta indiferencia fue la extinción histórica de por lo menos 27 especies de sus mamíferos endémicos.

Los mamíferos extintos incluyen al discreto potoro de cara ancha, un marsupial del tamaño de una rata que fue descrito en 1844. Este potoro ya era bastante escaso cuando los europeos se establecieron en el continente y se extinguió en 1875. El ualabí oriental, miembro de un grupo de marsupiales que parecen canguros miniatura, se encontraba al sureste de Australia hasta que se extinguió en 1890. Las causas de esta extinción son desconocidas, pero seguramente la destrucción del hábitat y la depredación por parte de gatos fueron importantes.

Los fuegos y la expansión de la agricultura y la ganadería aumentaron en el siglo XX, lo que causó la extinción de numerosos marsupiales más, como el ualabí de Grey, visto por última vez en 1924 y el bilbi menor, un marsupial con grandes orejas parecido a un conejo que se extinguió en 1931. El bilbi habitaba los desiertos centrales de Australia y fue eliminado, probablemente, por depredadores introducidos. Otras especies fueron descubiertas hasta después de su extinción, como el ualabí liebre del centro conocido únicamente por un cráneo encontrado en 1932

El tigre de Tasmania, con su coloración y particulares rayas, era el depredador marsupial más grande. Las
hembras tenían la característica única de tener un marsupio que abría
hacia atrás y, sorprendentemente,
los machos también poseían un marsupio donde retraían su escroto. El
último individuo en cautiverio murió
en 1936.

en el área del lago Mackay, en la frontera entre Australia occidental y los territorios del norte. El canguro rabipelado occidental era hermoso con bandas
oscuras, amarillas y blancas en su rostro, y habitaba
los bosques y matorrales del centro y oeste de Australia. Desapareció en 1956 probablemente depreda-
do por zorros rojos introducidos y por la destrucción
del hábitat asociada a la expansión de la agricultura.
El canguro rata del desierto es otra especie que alguna vez habitó los ecosistemas arenosos al norte del
continente. A finales del siglo XIX esta especie se creía
extinta, pero en los siguientes años fue varias veces
redescubierta y perdida, hasta que en 1994 fue declarada oficialmente extinta.

Una de las extinciones más trágicas en este continente fue la del tilacino, comúnmente conocido
como el tigre de Tasmania. Era el marsupial carnívoro más grande del mundo, similar a un coyote en
tamaño y forma, y sobrevivió hasta tiempos modernos. Era un animal de feroz fama, pero que cuidaba
a sus crías en el marsupio. Cuando los europeos colo-
nizaron el continente los tilacinos ya se encontraban
extintos ahí, pero aún persistían en la isla de Tasmania. La especie se mantuvo en Tasmania por un tiempo, quizá hasta la década de los sesenta, pero lo más

seguro es que actualmente ya no esté presente a pesar de las "observaciones" ocasionales.

Los tilacinos solían alimentarse de ovejas y galli-
nas por lo que el gobierno de Tasmania promovió
su caza, incluso pagando recompensas para ello. A
finales del siglo XIX un naturalista escribió: "el perro
nativo, es un animal marsupial… cubierto por un
pelaje marrón amarillento, con rayas marrón oscuro
transversales en su espalda. Estos animales causaron
molestias a los primeros pobladores, por lo que se
vieron en la necesidad de ofrecer una recompensa a
quien los destruyera". El esfuerzo de exterminio fue
bastante eficiente y resultó fatal combinado con varios factores que incluyeron a la introducción de enfermedades transmitidas por perros domésticos y la
destrucción del hábitat nativo. El último tigre de Tasmania murió solo en el zoológico de Hobart, capital
de Tasmania, en 1936.

El gigante del mar de Bering

La vaca marina de Steller era un animal gigantesco,
pariente cercano de los manatíes. Los adultos podían
llegar a pesar más de 8 toneladas y medían hasta 8

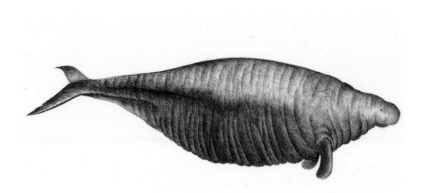

La vaca marina de Steller era un animal gigantesco, lento, dócil y lleno de grasa. Esta especie que se alimentaba de algas marinas y que pertenecía al orden de las "vacas marinas" (Sirenia) fue descubierta en 1741 y cazada hasta su extinción en menos de 30 años.

metros de largo. La especie fue descubierta por la expedición científica más ambiciosa en la historia de la humanidad, liderada por el explorador Vitus Bering y patrocinada por la Academia Rusa de Ciencias en el siglo XVIII. La meta de esta expedición era explorar las tierras y aguas del extremo oriente ruso.

En 1741 la expedición sufrió varios problemas, entre ellos las enfermedades que asolaron a la tripulación. Vitus Bering murió ese mismo año en la después llamada isla de Bering en el Estrecho de Bering, donde también murieron 28 miembros de su tripulación. El doctor naturalista a bordo era George W. Steller, quien descubrió a la vaca marina que porta su nombre. Este maravilloso animal era, al parecer, muy abundante en las frías aguas cercanas a la isla. Steller escribió que había muchos manatíes cerca de la costa y que nunca los había visto antes. También mencionó que a esos animales les gustaban los lugares arenosos y someros a lo largo de la costa, pero que les gustaba especialmente habitar alrededor de las bocas de los ríos y arroyos, ya que amaban el agua dulce.

En el siglo XVIII las vacas marinas ya estaban restringidas a un pequeño rango geográfico e investigaciones posteriores indican que las poblaciones que

Steller había descubierto eran un relicto de una distribución más extensa que había existido algunos cientos de miles de años antes. Sin embargo, el descubrimiento de Steller marcó el inicio del final para estas gigantes, porque las expediciones subsecuentes cazaron indiscriminadamente a los prácticamente indefensos animales por su carne, grasa, aceites y piel. En 1802 un naturalista escribió: "las vacas marinas antes eran abundantes en las costas de Kamchatka y las islas Aleutianas, pero en 1768 el último animal de esa especie fue cazado y desde ese entonces no se ha visto a ninguno." El último individuo fue cazado solamente 27 años después de que Steller descubrió a la especie.

El sello de la extinción

La vaca marina de Steller es uno de los muchos mamíferos marinos que los humanos han aniquilado. Otro mamífero es la foca monje del Caribe, cuya exterminación comenzó con Cristóbal Colón y su tripulación. Esta foca habitaba las costas del mar Caribe y del golfo de México, desde Texas hasta la península de Yucatán y de Honduras hasta islas como Jamaica y

Como la mucho más grande vaca marina de Steller, la foca monje del Caribe fue cazada implacablemente hasta su extinción. A diferencia de la vaca marina, las poblaciones de esta foca persistieron por más de 500 años después de ser descubiertas por Cristóbal Colón, a pesar de habitar aguas cálidas mucho más cercanas a las poblaciones humanas.

Cuba. La foca monje es la única especie de focas que el humano ha exterminado hasta ahora.

Colón descubrió a esta foca en 1494 durante su segunda expedición a las Américas. De manera inmediata mandó cazarlas, por lo que su tripulación capturó a ocho ejemplares que fueron aprovechados por su carne y aceite. Éste fue tan sólo el principio de una incansable persecución que duró 500 años. Por mucho tiempo, particularmente en los dos o tres siglos posteriores a su descubrimiento, la especie fue explotada como fuente de alimento por los diversos productos derivados de su cuerpo y, posteriormente, porque se consideraba que competía con las operaciones pesqueras. El último registro confiable de esta foca ocurrió en 1952 en el banco de Serranilla, un arrecife semisumergido en el Caribe occidental, entre Nicaragua y Jamaica. En 1986 se publicó en la revista *Marine Mammal Science* un artículo de Berney LeBoeuf y colaboradores titulado: "La foca monje del Caribe está extinta". El autor y su tripulación habían realizado una exhaustiva búsqueda en la literatura científica con el propósito de buscar registros históricos y visitar cualquier localidad posible donde se pudiera encontrar a la foca, pero su artículo desvaneció cualquier esperanza de que una pequeña población remanente existiera en algún lugar.

Un delfín de agua dulce

La extinción más reciente de un mamífero acuático y del primer delfín eliminado por las actividades humanas fue la del baiji, también conocido como el delfín chino de río. El baiji, uno de los únicos seis delfines de agua dulce que se conocen en la actualidad, era una raza peculiar. Las otras cinco especies se encuentran catalogadas como amenazadas y habitan los grandes ríos de Asia y de la cuenca amazónica.

En las turbias aguas del río Yangtze (el río más largo de China) habitaba el baiji, el cual era prácticamente ciego y navegaba por medio de la ecolocalización, al igual que los murciélagos. Era una criatura hermosa de aproximadamente dos metros de largo, cuya abundancia había disminuido en las últimas cinco décadas como resultado del rápido desarrollo industrial de China. La contaminación, las redes de pesca, la sobrepesca, la construcción de presas y la reducción del nivel del agua del río Yangtze, son sólo algunos de los factores que causaron su declive. Para finales de 1980 solamente quedaban alrededor de 400 baijis, que no eran muchos, pero suficientes para salvar a la especie. Sin embargo, cuando llegó la década de 1990 la población se desplomó hasta los 100 individuos.

En 2006 un equipo internacional de científicos con instrumentos tecnológicos sofisticados condujo una búsqueda infructífera a lo largo de más de 3,500 kilómetros del río Yangtze. El naturalista líder reportó lo siguiente: "Cuando empezamos estábamos muy optimistas de encontrarlos, pero al pasar los días se volvió cada vez más claro que no quedaba ningún baiji vivo." También escribió sobre una película llamada *Qi Qi* en la que se cuenta la historia de un baiji que vivió en cautiverio por 22 años hasta su muerte en 2002: "Me considero a mí mismo como un hombre fuerte, pero cuando vi esas imágenes [de Qi Qi], lloré por varios minutos. Es terriblemente triste." Un baiji, seguramente solitario, fue filmado en 2007, pero éste fue solamente el eco de una especie que contaba con cerca de 5 mil individuos en tiempos tan recientes como la década de los cincuenta. En 2008 la especie fue declarada extinta.

En tiempos modernos las personas no se rinden fácilmente si se trata de la desaparición de especies, especialmente delfines. El baiji no fue una excepción. Este maravilloso animal se convirtió en una causa conservacionista en China, agrupando a científicos chinos e internacionales, conservacionistas y políticos, quienes realizaron esfuerzos titánicos para salvarlo, pero la fuerza letal del crecimiento económico es poderosa. Especies como el baiji se vuelven íconos cuando son tan raros que salvarlos es casi un milagro. Los intentos de llevar a cabo este milagro son costosos, y las fuerzas económicas dispuestas en su contra están tan arraigadas que los intereses políticos y comerciales consideran que las concesiones no son razonables. Para muchos la elección es: el trabajo o los delfines, y es así como una especie desaparece, se derraman lágrimas y el "progreso" continúa.

Los caballos salvajes del mundo

El tarpán era una especie de caballo que habitaba la estepa de Asia central, donde se considera que se originaron los caballos domésticos hace varios miles de años. A medida que fue creciendo la población humana en la estepa, el tarpán se volvió cada vez más raro. Durante siglos fue explotado como fuente de alimento y, eventualmente, muchos ejemplares fueron capturados para ser domesticados. El último tarpán murió en cautiverio en Polonia, posiblemente en 1887. Según los científicos, parte de su herencia genética todavía existe en distintas variedades de caballos domésticos criados selectivamente.

Otra especie de caballo, la cuaga, también se extinguió en el siglo XIX. Algunos biólogos la consideran una especie propia, mientras que otros la ven como una subespecie de la cebra común. Las cuagas se encontraban exclusivamente en el sur de Sudáfrica. Tenían un patrón de coloración muy distintivo en el que no había casi ninguna raya negra en la parte posterior del cuerpo; sus rayas eran visibles únicamente en la cabeza y el cuello. Las cuagas fueron cazadas hasta la extinción, como ocurrió con las poblaciones

El caballo de Przewalski o caballo salvaje mongol, pariente cercano del caballo doméstico y del tarpán, se distribuía originalmente desde Europa hasta China. Su característica melena erecta y rígida se puede observar claramente en la imagen. El caballo de Przewalski se consideraba extinto en estado silvestre, pero se revaluó después de observar a un individuo maduro. Actualmente, después de un exitoso programa de reproducción en cautiverio, el caballo ha sido satisfactoriamente introducido en su nativa Mongolia, donde existe una pequeña población de 50 individuos. Su precaria situación fue producto de las continuas amenazas de la cacería, la pérdida del hábitat y la reproducción con caballos domésticos.

de muchos animales en Sudáfrica. La última cuaga silvestre fue cazada en 1879 y el último individuo en cautiverio murió en 1883. Existen varios especímenes completos en exhibición en algunos museos de historia natural, pero no son más que recordatorios tristes de una especie que no sobrevivió para ver el nacimiento de una ética conservacionista.

El zorro de Darwin

Cuando Charles Darwin visitó las islas Malvinas en 1834 encontró y colectó especímenes de una nueva especie de zorro, conocido como el zorro de la isla de Falkland o guará. Estos zorros eran relativamente abundantes y del doble de tamaño que un zorro rojo. Durante el verano se alimentaban de aves marinas que anidaban en colonias enormes, pero se desconoce cómo sobrevivían los duros inviernos. Los guarás eran increíblemente dóciles; Darwin colectó sus especímenes simplemente pegándoles en la cabeza con un palo. En las notas sobre su famoso viaje en el *SS Beagle*, el explorador escribió que los guarás eran tan ingenuos con las personas que temía

que se extinguieran tal como ocurrió con el dodo. Y Darwin tuvo razón, pues el último individuo murió alrededor de 1876, considerado enemigo de los pobladores por cazar animales domésticos introducidos como las ovejas.

Las ratas de la isla de Navidad

Hasta hace poco se creía que se conocía con certeza la causa por la cual se extinguieron las dos especies endémicas de ratas de la isla de Navidad en el océano Índico, conocidas como la rata maclear y la rata de la isla de Navidad. La historia es la siguiente: en 1899 un barco llegó a la isla y una especie no nativa, la rata de la Polinesia (también llamada rata del Pacífico o kiore) encontró un camino hacia tierra firme y desembarcó. El nuevo invasor venció a los nativos, aumentó en número y las dos especies endémicas se extinguieron. Ahora bien, resulta que lo sucedido fue mucho más complejo.

La rata invasora de la Polinesia fue, en efecto, la causa de la extinción, pero se ha descubierto que las culpables fueron realmente las infecciones que llegó

La cuaga, residente de los pastizales del sur de África, se extinguió a finales del siglo XIX. Su nombre, representación aborigen de su llamado, es onomatopéyico. Esta interesante cebra fue aparentemente exterminada por la cacería para su carne y pieles o simplemente por sed de sangre (era considerada competencia de los animales domésticos). La peculiar restricción de rayas a la parte trasera de su cuerpo puede apreciarse únicamente en especímenes disecados almacenados en museos.

a propagar y no la competencia directa de la recién llegada, como antes se pensaba. Las ratas exóticas estaban infectadas por un parásito microscópico relacionado con el parásito que en humanos causa la enfermedad del sueño (nagana). Las ratas nativas de la isla de Navidad no contaban con resistencia inmunológica frente al nuevo parásito, lo que causó que sus poblaciones disminuyeran rápidamente. La competencia fue quizá otro problema, pero secundario. Los últimos individuos de ambas especies de ratas endémicas fueron vistos en 1903.

Mamíferos voladores

Los murciélagos, los únicos mamíferos verdaderamente voladores, son un grupo que se enfrenta a enormes desafíos en estos tiempos. Sus problemas empezaron hace varias décadas, incluso siglos y, desde entonces, diez especies de murciélagos se han extinguido. Una de las extinciones tempranas conocidas es la del zorro volador oscuro de Mauricio, endémico de las islas de Mauricio y Reunión, localizadas en el océano Índico. En 1772 un naturalista realizó una

detallada descripción de los hábitos de estos grandes murciélagos y de su exterminio. La siguiente descripción fue realizada dos décadas después de que se diera a conocer científicamente a la especie:

Cuando llegué estos animales eran tan comunes, aun en las áreas más pobladas, como son ahora raros. Se les caza por su carne, por su grasa, por sus crías, todo el verano, todo el otoño y parte del invierno, por blancos con pistola, por negros con redes. La especie ha de continuar decayendo y en un tiempo corto. En su intento por abandonar las áreas pobladas para irse a aquellas que aún no lo están, y al interior de la isla, los negros fugitivos no escatiman cuando pueden agarrarlos... Uno nunca los ve volando durante el día. Viven comunalmente en los grandes huecos de árboles podridos, en números que a veces exceden los cuatrocientos. Solamente salen en la tarde cuando la oscuridad cae y regresan antes del amanecer... He visto cuando encontrar un árbol de murciélagos era un verdadero hallazgo. Según lo que uno puede juzgar, era relativamente fácil evitar que estos animales se fueran, después sacarlos, vivos, uno a uno, o sofocarlos con humo.

El zorro volador oscuro de Mauricio fue visto por última vez en 1873; otra víctima de la cacería y la destrucción del hábitat.

Entre las otras especies de murciélagos que han desaparecido se encuentra el zorro volador de Guam. Este pequeño murciélago habitaba la isla de Guam y las islas Marianas en Micronesia. Los locales lo cazaban ya que lo consideraban una exquisitez, pero también sufrió por la introducción de la serpiente arbórea marrón. La especie fue descubierta científicamente en 1931, normalmente compartía sus refugios con otra especie más grande y mucho más abundante, el zorro volador de las Marianas. El último espécimen conocido, una hembra, fue visto perchado en el risco de Tarague en marzo de 1967, cincuenta y seis años después de su descubrimiento. A pesar de buscar extensivamente, ningún individuo ha sido visto desde entonces. Como resultado, la especie se considera extinta.

La extinción más reciente que se ha registrado de una especie de murciélago ocurrió en la isla de Navidad, en las costas de Australia. Un pequeño murciélago insectívoro conocido como el murciélago de la isla de Navidad se extinguió oficialmente el 8 de septiembre de 2009. El gobierno australiano anunció ese mismo día que los intentos para capturar al último individuo conocido y llevarlo a un programa de reproducción en cautiverio habían fallado.

Venados y gacelas

Muchas poblaciones y varias especies de venados se han extinto en los últimos dos o tres años, en gran medida debido a la cacería. Uno de ellos fue el ciervo de Schomburgk, descrito como un hermoso animal. Al parecer era endémico del centro de Tailandia, pero hay cierta evidencia inconclusa que sugiere que la especie tenía una distribución más amplia y que también se encontraba en Laos. En la actualidad sabemos poco acerca de sus hábitos, pero, por lo visto, habitaba planicies pantanosas inundables, de manera similar a otros venados como el ciervo de Duvaucel o barasinga de India y Nepal y el venado de las Pampas en Sudamérica. El último ciervo de Schomburgk silvestre conocido desapareció en 1932, aunque algunos individuos en cautiverio sobrevivieron hasta 1938.

La gacela saudí se encontraba en el pasado en la península de Arabia, desde Kuwait hasta Yemen. Era uno de los pocos mamíferos grandes de la región y fue cazada hasta la extinción. Este bello animal de hasta 30 kilogramos vivía en pequeños grupos de unos 20 animales en las planicies áridas y arenosas. No existe evidencia sólida acerca de cuándo desapareció, pero se declaró extinto en 2008. Las planicies áridas de la península arábica ahora están más vacías que nunca.

El rinoceronte negro occidental

De todas las poblaciones de mamíferos que se han extinto a lo largo de la historia —como el lobo de Hokkaido, el tigre persa, el alce de Merriam y el asno salvaje sirio—, para nosotros la noticia más triste vino en forma de un comunicado de prensa en abril de 2013. Fue emitida por la Unión Internacional para la Conservación de la Naturaleza (UICN) y en ella se anunciaba que el rinoceronte negro occidental estaba oficialmente extinto. En los últimos años la distribución de esta subespecie de rinoceronte había sido reducida a pequeñas áreas en Camerún. La declaración fue hecha a raíz de una serie de esfuerzos fallidos que buscaban registrar a algún sobreviviente y que, en consecuencia, confirmaron las amargas

El rinoceronte negro es conocido por casi todas las personas. A pesar de los intentos para protegerlos, los rinocerontes son quizá los mamíferos grandes más amenazados del planeta. La caza furtiva es uno de los fenómenos que más los amenazan, pues en algunas culturas se cree que sus cuernos poseen propiedades mágicas, especialmente como afrodisiacos o como cura para el cáncer. Con la invención del Viagra se pensaba que los rinocerontes se verían beneficiados. Sin embargo, recientemente se han escuchado rumores de que los criminales mezclan el Viagra con polvo de cuerno de rinoceronte para mantener los precios que oscilan en 50 mil dólares por libra.

noticias acerca del destino de este formidable animal. Esta subespecie había sobrevivido precariamente al borde de la extinción por muchos años para finalmente sucumbir ante los cazadores furtivos. El rinoceronte negro occidental fue una de las muchas víctimas de los grupos criminales internacionales bien organizados que masacran rinocerontes para vender sus cuernos en el mercado negro del sureste asiático y China. Los cuernos son usados para preparar brebajes con supuestos poderes afrodisiacos, basados en meras creencias sin fundamento.

Salvar al rinoceronte y a todos los demás mamíferos amenazados es una tarea gigantesca que debe emprenderse a pesar de que los esfuerzos necesarios sean complejos y los costos elevados. El destino de nosotros mismos está en juego, al igual que el de ellos. El futuro será implacable en el juicio de nuestras acciones.

El tigre es quizá el depredador más maravilloso de la Tierra, aunque, comparado con el cocodrilo, devora a muchos menos de los animales más destructivos de todos: *Homo sapiens*. Es posible que pronto esté extinto en estado silvestre y dependerá de su anterior presa para sobrevivir en los zoológicos. Afortunadamente los tigres son lo suficientemente desinhibidos para reproducirse felizmente en cautiverio, pero su fecundidad crea un problema. Los tigres requieren de mucho espacio y los adultos tienen que ser separados de sus crías cuando éstas alcanzan los dos años de edad, por lo que las poblaciones en cautiverio tendrán que estar cuidadosamente controladas.

Las vaquitas marinas quedan atrapadas en redes ilegales usadas para pescar totoabas, cuyas vejigas valen miles de dólares en el mercado negro chino. Actualmente sobreviven menos de veinte vaquitas y, si la matanza continúa, se extinguirán en uno o dos años.

PARA ALGUNOS MAMÍFEROS LA CAMPANA DE LA extinción aun no suena, pero podría sonar pronto. La lista más reciente de la Unión Internacional para la Conservación de la Naturaleza (UICN) de especies de animales al borde de la extinción indica que, por lo menos, 188 mamíferos están críticamente amenazados, 450 amenazados y 493 en peligro de extinción. En otras palabras, una de cada cinco especies de mamíferos silvestres está considerada en peligro de extinción y muchas más especies podrían estar en riesgo, pero no existe información sobre su estatus para asegurarlo. Este capítulo relata las historias de algunos de estos desafortunados mamíferos que se encuentran en el grupo de las especies que están en peligro de extinción.

La pequeña marsopa

El alto golfo de California de México es un área remota que guarda un tesoro marino: la vaquita, una pequeña marsopa que habita solamente en el extremo norte del golfo. Debido a que sólo vive en un área que cubre 5 por ciento de todo el golfo, presenta la distribución geográfica más pequeña de todos los mamíferos marinos. También es el mamífero marino más amenazado del planeta. Comparado con los delfines y otras marsopas, la vaquita es una rareza. Esta especie mide 1.5 metros desde la punta de la nariz hasta la cola (más propiamente de rostro a aleta caudal) y pesa solamente 50 kilogramos. Por lo mismo, es considerablemente más pequeña que sus compañeros los cetáceos (ballenas, delfines y marsopas). La vaquita es depredadora de peces y calamares, y pasa la mayor parte de su vida en aguas superficiales.

La vaquita tiene un grave problema: se enreda en las redes de pesca para la captura de la totoaba, un pez a su vez en peligro de extinción, que es pescado de manera ilegal para exportar el buche (vejiga natatoria) a China. En ese país un kilo de buche de totoaba puede alcanzar el precio exorbitante de 100 mil dólares. Las pequeñas marsopas quedan atrapadas accidentalmente en estas redes y se ahogan a una tasa de 30 o más por año. Para algunas especies 30 muertes por año no afectarían su población, pero actualmente la vaquita cuenta con sólo menos de 20 individuos en estado silvestre y ninguna existe en cautiverio. La carrera para salvarlas ha incluido muchas acciones. De manera importante, la región que habitan ha sido declarada como área natural protegida por el gobierno mexicano y se han implementado restricciones en las pesquerías. No obstante, pese a que los pescadores han sido subsidiados para cambiar sus redes, el uso ilegal de las redes antiguas continúa debido a que no se ha realizado el esfuerzo necesario para apoyar a las comunidades locales y a los pescadores en esta transición. Los esfuerzos de conservación pueden salvar a la especie si ese problema se soluciona y si la vaquita alcanza a resistir entretanto. La adopción total de un nuevo tipo de redes de pesca que no enrede a las vaquitas es la última esperanza para su supervivencia. Sin embargo, sin el apoyo del gobierno de China para parar el tráfico ilegal es difícil que se logre evitar la extinción de la especie.

Gigantes de los océanos

Los días invernales en las aguas de la península de Baja California en México suelen ser fríos y con cielos despejados. Los vientos rugen de día y de noche. En esta estación las aguas someras de las lagunas costeras del océano Pacífico reciben un flujo masivo de ballenas grises que llegan a dar a luz después de una gran migración desde las frías aguas del Ártico.

Las ballenas grises hoy son abundantes con una población calculada en unos 15 mil animales. Considerando que a inicios del siglo XX se encontraban al borde de la extinción, representan una historia de conservación exitosa. Barcos balleneros norteamericanos, rusos y japoneses masacraron a miles de ballenas grises en las primeras decadas del siglo XIX. El famoso cazador de ballenas y naturalista Charles M. Scammon, quien fue uno de los primeros exploradores occidentales de las lagunas costeras de Baja California, cazó más de 200 ballenas en la laguna Ojo de Liebre en el invierno de 1858. A inicios del siglo XX ésa y otras lagunas de la península fueron decretadas como santuarios por el gobierno mexicano, decisión que seguramente salvó a estos gigantes de la extinción.

En el siglo XIX e inicios del siglo XX muchas otras especies de ballenas fueron cazadas al borde de la extinción por sus aceites, huesos y otros productos. Las ballenas barbadas fueron particularmente víctimas de la sobreexplotación y, aunque están protegidas desde hace algunas décadas, muchas especies aún tienen poblaciones reducidas. El número de ballenas masacradas en poco más de un siglo es impactante; se calcula que solamente en aguas antárticas más de dos millones de ballenas han sido cazadas; enormes campamentos balleneros se establecían en islas como San Pedro, las Maldivas y Tierra de Fuego en Chile.

En 1986 la Comisión Ballenera Internacional impuso la suspensión del comercio de ballenas, lo cual ha reducido significativamente la presión sobre muchas especies. Aun así, algunos países, particularmente Noruega, Japón e Islandia, siguen cazando varias ballenas al año para lo que ellos afirman que es investigación científica. En marzo de 2014 la Corte Internacional de Justicia declaró las actividades balleneras de Japón como ilegales, lo cual genera esperanza de

Las ballenas grises casi se extinguen en el Pacífico septentrional a finales del siglo XIX debido a la cacería. En 1917 un presidente mexicano declaró la protección de éste y otros mamíferos marinos en aguas mexicanas. Poco a poco la población se recuperó y ahora estas ballenas son relativamente comunes.

que las ballenas puedan deambular libremente en los océanos otra vez.

Pero después de casi tres décadas desde que se estableció esta suspensión, varias especies siguen en riesgo debido al impacto de las actividades humanas. La más amenazada es quizá la ballena franca glacial, que se encuentra en las aguas del Atlántico norte donde embarcaciones rusas y noruegas la cazan sistemáticamente; menos de 300 individuos sobreviven actualmente. De manera similar, la población de menos de mil individuos de ballenas boreales del Ártico sigue amenazada por efectos pasados y actuales de las actividades humanas. Las ballenas azules, los animales más grandes (casi 30 metros) que hayan jamás deambulado en este planeta, han sido reducidas, probablemente, a unos 3 mil individuos. La situación de ballenas más pequeñas como el zifio peruano es menos conocida, pero al parecer son animales raros.

Además de la caza, las ballenas están siendo directa o indirectamente afectadas por otras actividades humanas. Así como vimos a un pequeño polluelo de albatros morir por ingerir plástico, ahora observamos cómo estos enormes animales también están muriendo a causa de la ingesta de la basura plástica que flota en los océanos por toneladas. Éste es especialmente un problema para los cachalotes y los zífidos, ya que las bolsas plásticas y telas se asemejan a sus presas naturales, tales como los calamares, y pueden terminar por bloquear sus intestinos. Las ballenas barbadas tampoco son inmunes aunque se alimenten de plancton. Ellas ingieren grandes cantidades de agua cuando se alimentan, tragándose la basura de nuestra sociedad. En 2010 una ballena gris murió después de encallar en una playa del estado de Washington. En su estómago había una pelota de golf, guantes quirúrgicos, cinta adhesiva, varios fragmentos de plástico, un par de pantalones, veinte bolsas, entre otros desechos. El plástico no se puede digerir y simplemente tapa los intestinos, lo que causa la muerte no directa, pero indirectamente, a través de inanición o enfermedad.

Ahora también se sabe que el creciente ruido industrial en los océanos causado por los motores de barcos, las pistolas de aire usadas en la exploración marina de petróleo y gas, los sonares militares de localización y las prácticas de bombardeo, generan muchos problemas para las criaturas marinas. En primera instancia, puede ser bastante peligroso para las ballenas y otros cetáceos que usan el sonido para comunicarse o alimentarse. Este ruido ha estado implicado en muchos varamientos y muertes de cetáceos, aunque ha sido difícil reunir información precisa. Por supuesto que las ballenas, delfines y marsopas no están amenazados únicamente por la cacería, sino también por la acumulación de contaminantes orgánicos persistentes, choques de barcos, el enredo accidental en redes de pesca y por supuesto, como todos los animales, incluyéndonos, por el cambio climático.

Los últimos tigres

Ranthambore, una ciudad desbordante con más de 5 millones de personas, se encuentra ubicada al suroeste de Nueva Delhi, la capital de la India. Esta ciudad es también guardiana de una de las joyas naturales de la India y de todo el mundo: el Parque Nacional Ranthambore. En el parque habita una población de tigres silvestres, uno de los últimos grupos remanentes de lo que alguna vez fue uno de los grandes felinos más distribuidos en el mundo. El parque es una especie de isla, una de las 24 reservas de tigres esparcidas por el rango histórico de la especie. Aparte de las reservas que se encuentran en la India, otras están en Rusia, Bangladesh, Nepal, Bután, Laos, Camboya, Vietnam, Malasia e Indonesia. A principios del siglo XX todavía se podían encontrar a varias subespecies de tigres a lo largo de un vasto territorio de millones de kilómetros cuadrados a lo largo de Asia. El rango se extendía de Medio Oriente y las costas del mar Caspio hasta China, Corea y la península Kamchatka en Rusia oriental, desde India, Nepal y Bután hasta la península malaya y las islas de Singapur, Bali, Sumatra y Java.

A medida que la población humana fue aumentando en Asia durante el siglo XX, se incrementaron la destrucción de los bosques y la matanza de tigres. En un solo siglo las maravillosas bestias se volvieron raras, ya que la caza deportiva, la caza furtiva por las propiedades míticas medicinales de partes de su cuerpo, la destrucción del hábitat y las medidas de control de depredadores se combinaron hasta que la vida de los tigres fuera de las reservas se volvió prácticamente imposible.

La imponente presencia de la especie se revela con el más grande de sus miembros, el tigre siberiano, que puede llegar a pesar hasta 320 kilogramos. Bali, ahora sin tigres, era el hogar de los tigres más diminutos, que aun así pesaban 100 kilogramos. Dondequiera que habitaran, los tigres eran depredadores formidables y poco temerosos de los humanos. De hecho, algunos se han convertido en comedores de humanos habituales. Jim Corbett, cazador y naturalista británico, se volvió famoso matando tigres y leopardos que hubieran agregado a humanos a su dieta regular. Él mató a la famosa tigresa de Champawat, responsable de la muerte de 436 personas. El número de muertes en la región está documentado y existe evidencia razonable que apoya la total responsabilidad de la tigresa mencionada.

En la isla de Singapur de 624 kilómetros cuadrados, antes de ser exterminados en la década de los treinta, los tigres mataban anualmente a muchas personas. Aun en la actualidad, muchos individuos desafortunados son asesinados o mordidos por tigres en la India. Un *hotspot* de ataques de tigres son los manglares de Sundarban, el gran delta de la bahía de Bengala, donde los ríos Meghna, Brahmaputra y Padma convergen entre India y Bangladesh. Cada año los tigres matan a docenas de personas en este sitio. Su conservación es un asunto complicado, pues se trata de un animal muy hermoso, poderoso y temido, incluso admirado desde una distancia segura, pero a nivel local los sentimientos humanos hacia ellos tienen muchos más claroscuros.

Clasificar a las variedades de tigres siempre ha sido difícil. Tradicionalmente se distinguían nueve subespecies de acuerdo con su color, tamaño y origen geográfico. Estudios genéticos recientes indican que podría haber 18 grupos definidos, pero los agrupamientos no corresponden exactamente con la clasificación más tradicional. Una subespecie de tigre de la península malaya fue descrita apenas en 2004 con base en información genética y se argumenta que su singularidad le merece más atención en cuanto a su conservación. En las últimas décadas se perdieron al menos tres subespecies de tigre y otra posiblemente se haya extinguido; el tigre de Bali desapareció en 1937, seguido del tigre persa (o tigre del Caspio) en los años cincuenta y el tigre de Java en 1976. El tigre del sur de China no se ha observado en más de 25 años.

En el Parque Nacional Ranthambore el choque entre la civilización moderna y la naturaleza no podría ser más dramático. La frontera entre el área protegida y la expansión urbana es especialmente notoria cerca de la entrada cercana a la Ciudad Antigua. Uno se podría sentir perdido manejando a través de las caóticas calles de la Ciudad Antigua, un asentamiento urbano en decadencia rebosando de incontables personas, animales domésticos, automóviles, carretas y bicicletas. La ciudad está dividida por un oloroso río, el cual parece más un alcantarillado sucio, donde perros y cerdos pelean por las sobras de comida en descomposición. El sentimiento de extrañeza es poderoso mientras multitudes de gente, vehículos y animales compiten para transitar por las estrechas calles de la ciudad. En este contexto, uno llega hasta una pared de roca del lado izquierdo de la calle principal. Más allá de la estrecha entrada, sin ningún señalamiento indicativo, uno se encuentra directamente de frente con un escenario por completo diferente: montañas bajas desnudas de vegetación donde se puede observar a las personas recolectando las últimas plantas para alimentar sus fogatas.

Por un camino sucio y en pésimo estado de conservación se continúa hasta llegar a una magnífica puerta con siglos de antigüedad, en medio de la nada. En este punto, todo cambia. Más allá de la puerta se encuentran colinas onduladas cubiertas por una mezcla de pastizales y selvas tropicales secas. La fauna silvestre está en todas partes. Son comunes los nilgai, los antílopes asiáticos más grandes, y las pequeñas y atractivas (y en peligro de extinción) chinkaras o gacelas de la India. En poco tiempo es posible observar a langures grises, uno de los monos más hermosos y más ampliamente distribuidos de la India. Cientos de especies de mamíferos y aves se pueden observar al pasar las horas, incluyendo manadas bastante grandes de axis, los venados mas conspicuos y abundantes de los parques de India, y algunos sambares o ciervos. Con un poco de suerte se puede observar o escuchar al elusivo tigre. Un censo realizado en 1997 calculó una población de 4 mil axis, 3 mil sambares y 2 mil nilgai habitando en el parque. Esta abundancia de presas es la clave detrás de una población saludable de tigres. Ranthambore cubre una gran extensión de más de 130 mil hectáreas. Sin embargo, incluso un gran parque como éste sólo puede albergar unas cuantas docenas de tigres. Extrañamente, la cacería fue lo que salvó al parque, pues era el territorio de caza de los grandes reyes de Jaipur. La población de tigres alcanzó su máximo en 1989 con unos 40 animales, posiblemente la máxima capacidad de carga del parque. Recientemente, se ha registrado una población de alrededor de 75 individuos.

La disminución en el número de tigres a lo largo de Asia parece tener una causa siniestra: la cacería furtiva. En los últimos años, la combinación de distintos factores negativos que incluyen corrupción, guardias pobremente entrenados, armas obsoletas para el personal del parque, burocracia y el aumento en los precios de partes o huesos en China, han ocasionado la hecatombe de los tigres. Globalmente se registró la caza furtiva de casi mil tigres entre 1994 y 2010, lo cual representa únicamente una fracción del número real. Los tigres se encuentran en condiciones críticas y día con día se acercan más a la extinción en estado silvestre. El Fondo Mundial para la Naturaleza o WWF (por sus siglas en inglés) estimó recientemente que la población global de tigres es de aproximadamente 3,900 individuos, únicamente 5 por ciento de los 100 mil tigres que se piensa existían a inicios del siglo XX.

Por todas estas razones, ¿podrá la apatía de la humanidad ser perdonada? Algunos se ahorrarán el desdén de las generaciones futuras, como los conservacionistas rusos que el escritor naturalista Peter Matthiessen describió en su extraordinario libro *Tigres en la nieve*: "Al defender los heroicos esfuerzos a favor de los tigres se podría citar la importancia crítica de la biodiversidad; así como la interdependencia de toda la vida… Pero finalmente estas abstracciones parecen menos vitales que nuestro instinto de que el aura de una criatura tan maravillosa como cualquiera en nuestra Tierra, llenando la vida de los hombres con mitos y poder y belleza, podría ser eliminada de nuestra experiencia de la creación a un terrible costo".

La situación global de los tigres es tan precaria que algunos biólogos piensan que no habrá más tigres en estado silvestre en dos décadas. No es necesario que tal matanza ocurra, pero podría suceder, por lo que debemos evitarla.

Los poderosos leones

En la cultura popular, leones y tigres parecen llevarse tan bien como la sal y la pimienta. Ambos son grandes y peligrosos. Los leones son prácticamente sinónimo de fuerza salvaje de la naturaleza. Hace mucho tiempo, cuando los leones aún vagaban libremente no sólo en África sino hasta el sur de Grecia e Italia en Europa y Mesopotamia e India en Asia, eran temidos y respetados. A pesar de que su inmensa distribución histórica en Asia se ha reducido a una sola región en la India, los leones eran abundantes en África hasta hace poco. Sin embargo, en las ultimas cuatro décadas pasaron de ser abundantes a amenazados, y su destino podría unirse al de los tigres.

Se calcula que en 1950 existían un millón de leones en África, distribuidos desde las costas del Mediterráneo hasta el cabo de Buena Esperanza, en el extremo sur del continente. En la actualidad, lamentablemente, existen menos de 20 mil leones en toda África. El león africano se encuentra al borde de la extinción en algunos países como Nigeria, en donde hay poblaciones de 250 o menos individuos sobreviviendo. Esta especie ha sufrido por la destrucción del hábitat debido a la expansión de los asentamientos urbanos y la agricultura; la caza ilegal; el declive de las poblaciones de presas; la transmisión de enfermedades por animales domésticos; la competencia con los humanos por el hábitat y las presas; y la caza directa (los leones matan al ganado y a veces a las personas). Una subespecie, el león del Cabo, era famoso por las melenas negras de los machos. Estos leones eran abundantes a inicios del siglo XIX, pero fueron exterminados por completo para 1861. El león de Berbería, el cual se distribuía originalmente desde Marruecos hasta Egipto en el norte de África, se extinguió en los años cincuenta.

Los leones, como muchas otras especies, se enfrentan a nuevos peligros, ya que la población humana continúa expandiéndose. Una historia revela cómo los problemas inesperados pueden devastar una población. En 2010 un guía del Parque Nacional Maasai Mara reportó que en 1994 algunos turistas vieron a un león comportándose extrañamente mientras sobrevolaban en un globo aerostático el Parque Nacional del Serengueti en Tanzania. El león convulsionó y colapsó, muriendo unas horas después. Ese león fue la primera víctima de una extraña enfermedad que mató a un tercio de su población en sólo un año. Otros individuos sufrieron daño cerebral permanente. Posteriormente se descubrió que los leones se contagiaron de moquillo, pues había cerca de 30 mil perros domésticos viviendo cerca del parque. Las enfermedades transmitidas por gatos, perros y ganado doméstico siguen amenazando a los felinos silvestres en todo el mundo.

Los pocos leones silvestres que existen fuera de África viven en el Parque Nacional del Bosque de Gir y zonas adyacentes en el estado de Guyarat, en India occidental. Estos individuos son miembros de una subespecie conocida como león asiático, ligeramente más pequeño que su contraparte africana. Antes, el león asiático era una de las subespecies más ampliamente distribuidas, pero prácticamente desapareció a mediados del siglo XX. La pequeña población remanente del Bosque de Gir le debe su existencia al virrey de la provincia, quien les otorgó protección a principios del siglo XX, cuando sólo quedaban 15 leones asiáticos. Desde ese entonces, los leones del Bosque de Gir representan una experiencia exitosa de conservación. Aunque la subespecie aún se encuentra en peligro de extinción, en el parque de 1,280 kilómetros cuadrados y zonas aledañas viven aproximadamente 674 leones.

El futuro de estos leones es incierto debido a las desmedidas poblaciones humanas que se encuentran tan cerca de ellos. El Bosque de Gir está rodeado por 400 mil personas, lo que causa problemas muy complejos que continuamente ponen en riesgo la

supervivencia a largo plazo de estos grandes felinos. Es posible que medidas extremas como reubicar los asentamientos humanos alrededor de la reserva y compensar a los habitantes cuando los leones matan algún animal doméstico no sean suficientes para evitar su eventual desaparición, pues la población humana continúa creciendo. Para reducir el riesgo de perder algún día a esta subespecie se han organizado planes de reintroducción de leones provenientes del Bosque de Gir al Santuario de Vida Silvestre Kuno-Palpur, ubicado en el centro del país. Pero si bien los leones del Bosque de Gir viven en estado silvestre, estos felinos son manejados tan intensamente que su comportamiento se asemeja al de animales en cautiverio. Casi todos, si no es que todos, los leones han sido capturados por lo menos una vez, han sido tratados por heridas o enfermedades e incluso se les provee de comida cuando se presenta escasez de presas. Estos leones continúan existiendo en este estado semisilvestre por los servicios que los humanos proveen, la especie que, irónicamente, también

Es difícil creer que el león africano, el carnívoro más icónico, esté en peligro de extinción en vida libre. En las extensas sabanas africanas sobreviven solamente 20 mil leones a causa de la pérdida de su hábitat, las enfermedades y la cacería ilegal. Este número representa menos de 10 por ciento de los leones que las recorrían en 1950.

Los guepardos son los animales terrestres más rápidos y algunas de sus poblaciones ya han desaparecido por completo. Es extremadamente probable que no puedan rebasar al humano en la apropiación de los ecosistemas naturales de la Tierra. Uno desea que este individuo juvenil ayude a mantener su población en las extensas planicies africanas.

representa la mayor amenaza para su existencia en el futuro.

El mamífero más rápido

Los leones y los tigres son grandes y poderosos, pero la velocidad es la especialidad de sus parientes los guepardos. Estos felinos pueden alcanzar velocidades de hasta 100 km/h en unos cuantos segundos. Los guepardos solían correr velozmente en las tierras áridas de Asia y África y cohabitaban con tigres y leones cuando ellos también eran abundantes. Hoy, los guepardos son otra especie que está desapareciendo de la Tierra y, sin duda alguna, es el gran felino más amenazado de Asia. La distribución de una subespecie, el guepardo asiático, se extendía desde la India hasta la península arábiga, Siria, Pakistán, Afganistán e

Irán. La conversión de hábitats naturales en campos de cultivo, el sobrepastoreo, la disminución de especies de presas y la cacería intensiva abrumaron a este esbelto felino. El último guepardo indio fue cazado en 1947 y hoy los guepardos asiáticos que aún sobreviven en vida libre se encuentran en las tierras áridas del centro y norte de Irán, donde ahora sólo 21 individuos están luchando por sobrevivir, esparcidos en varios parques nacionales y zonas adyacentes.

Los investigadores han determinado que los guepardos de Irán son genéticamente diferentes de sus parientes africanos. También difieren en el uso del hábitat, pues los guepardos asiáticos se pueden encontrar en áreas montañosas, el cual es un hábitat raramente utilizado por sus parientes en África. Su supervivencia es frágil debido a que comparten su hábitat con ganado.

Las poblaciones de las presas naturales de los guepardos iraníes, como la gacela persa, han disminuido drásticamente. Entonces, en muchos lugares los guepardos cazan borregos y cabras, lo que los convierte en una peste a ojos de los ganaderos. La esperanza para estos felinos recae en los constantes esfuerzos de conservación de ambientalistas iraníes e internacionales.

Comparado con Asia, África parece una fortaleza para los guepardos. Se estima que ahí sobreviven 7,100 individuos, con una distribución fragmentada en parches a lo largo del continente, ya que ha desaparecido de grandes áreas en comparación con su distribución histórica. Una de las razones es la reducción de un fenómeno descrito como el mejor espectáculo natural: la migración dos veces al año, en Kenia y Tanzania, de millones de ñus que viajan junto a miles de cebras de llanura, topis, búbalos, gacelas suaras y gacelas de Thomson. Los antílopes cruzan el río Mara desde las planicies del Parque Nacional del Serengueti en un desplazamiento impresionante. La veloz o a veces tranquila manada se alimenta de los abundantes pastos que crecen después de la época de lluvias; cuando el alimento se acaba, ellos siguen adelante.

Este ecosistema transeúnte se conforma de plantas, presas y depredadores; entre los depredadores están los leones, leopardos, hienas y guepardos. El futuro de este increíble espectáculo es difícil de predecir. Algunos argumentan que su tiempo se está acabando, y así el de los guepardos y otros depredadores africanos. Nuestro consejo sería que fueras a verlo mientras puedas porque, aunque la esperanza continúa, la historia de nuestros esfuerzos de conservación, bien intencionados, aunque a veces torpes, sugieren que la probabilidad de que persista a largo plazo es baja.

Osos bezudos

En el Parque Nacional Kahna en la India uno de los mejores avistamientos que uno espera, además del tigre, es el de un oso bezudo. Este excepcional animal parece a primera vista un gran perro desaliñado, pero esa idea es rápidamente descartada al ver sus alargadas garras delanteras. En un segundo vistazo te puede recordar a los osos negros norteamericanos, pero los perezosos tienen un semblante más esbelto y, usualmente, poseen una V blanca en su pecho y un hocico blancuzco. El oso bezudo es un especialista que se alimenta principalmente de abejas y termitas; tiene un labio inferior que le permite succionar esta exquisitez. También comen frutas cuando la oportunidad se presenta.

A pesar de sus hábitos alimenticios y apariencia tierna, pueden llegar a ser animales agresivos y peligrosos. Los visitantes actúan de modo inteligente al tratarlos con cuidado. A pesar de su ocasional

Los pandas gigantes son grandes símbolos de la conservación, pero la mayoría de las personas, incluyendo biólogos conservacionistas, los conocen sólo por fotografías o individuos en los zoológicos. Lograr observarlos en vida libre, como en esta fotografía, es sin duda un raro privilegio.

fiereza, los perezosos son utilizados en espectáculos callejeros de entretenimiento, por lo que es común enterarse de reportes de abusos. Su situación no es buena; más allá de los espectáculos irrespetuosos, sus vesículas son deseadas por clientes chinos que les otorgan valores medicinales y su hábitat nativo se ha reducido tanto que actualmente se encuentran amenazados.

El poderoso panda

Ningún animal ha sido tan exitoso como símbolo de la necesidad de conservar como el panda gigante, famoso por ser el logotipo del Fondo Mundial para la

Naturaleza. Este pariente de los osos que se alimenta de bambú está altamente adaptado a su dieta especializada. Por ser muy pobre en nutrientes, el panda necesita comer continuamente grandes cantidades de bambú, el cual se digiere con ayuda de microorganismos en su intestino. También guardan energía siendo perezosos, pequeños y gorditos (comparado con su volumen, tienen poca superficie corporal para disipar el calor).

Los pocos miles de pandas que continúan existiendo en vida libre habitan el oeste y sur de China y el norte de Birmania y Vietnam; tan sólo un remanente de su distribución original.

Los osos panda están sujetos a las usuales amenazas: caza furtiva por su suave pelaje (y alimento durante las hambrunas del siglo XX) y especialmente la destrucción del hábitat. Conforme la población de China aumentaba rápidamente a mediados del siglo pasado, la supervivencia del panda en la naturaleza se tornó compleja, a pesar de los heroicos esfuerzos de los chinos por conservarlos.

Actualmente existen reservas naturales y un excelente programa de reproducción en cautiverio en la Centro de Investigación Chengdu, el cual se basa en reproducción por inseminación artificial, debido a que en cautiverio se reduce la probabilidad de reproducción natural por la pérdida de conductas sexuales entre pandas.

Su situación es esperanzadora, pero no es claro aún si este programa o las áreas protegidas serán adecuadas a largo plazo. El biólogo líder en la conservación del panda, nuestro amigo Jianguo "Jack" Liu, ha trabajado para mejorar la calidad del hábitat en la importante Reserva Wolong, donde el turismo destruyó parte de los sitios requeridos por los osos panda. No obstante, es preocupante que Jack nunca haya visto un panda en estado silvestre en esta reserva.

El aullido se desvanece

El sonido de lobos aullando es de las pocas cosas en la naturaleza que evocan un sentido salvaje y crudo. Imaginar ser despertado por ese misterioso sonido en una reserva natural es un sueño de muchos. Muchas investigaciones apoyan la hipostasis de que el lobo gris fue el progenitor de nuestros amados perros domésticos. Intimidante como pueda parecer, el lobo es uno de los habitantes más incomprendidos (y hasta odiados) de nuestro planeta.

Es el mamífero silvestre más ampliamente distribuido. Se encuentra a lo largo de todo el hemisferio norte excepto en los desiertos extremos, las regiones heladas y las selvas tropicales.

Alguna vez existieron millones de lobos, pero la persecución por parte de los humanos los ha llevado a una décima parte de lo que eran en tiempos pasados.

Los lobos cazan en manada y algunas veces atacan al ganado, lo que los enemista con los ganaderos. Su estrecha conducta social los vuelve especialmente vulnerables a la exterminación (las personas pueden rastrear y destruir una manada de lobos) en comparación con su pariente cercano, el solitario coyote que se distribuye a lo largo de Norteamérica.

En algunos lugares, en especial Estados Unidos y Europa, las poblaciones de lobos se han ido recuperando poco a poco. Hace algunas décadas, eran tan raros en el territorio continuo de Estados Unidos (excluyendo Alaska, Hawái y otros territorios estadunidenses), que individuos de poblaciones de Canadá y Alaska fueron reintroducidos en el norte, en las Montañas Rocallosas, al final del siglo XX. Los lobos, al estar protegidos por la Ley de Especies en Peligro de Extinción de Estados Unidos de América (1973), no podían ser cazados por los ganaderos y se multiplicaron rápidamente, formando nuevas manadas y llegando a sumar más de 5 mil individuos en el territorio para el año 2014.

Afortunadamente los esfuerzos de conservación fueron exitosos. Sin embargo, ese éxito tuvo algunas consecuencias negativas; por ejemplo, que han sido eliminados de las listas de animales en peligro en algunos estados en Estados Unidos. Aunque las poblaciones aún son monitoreadas y están protegidas hasta cierto punto, la caza de lobos se ha retomado en algunos de estos estados. En fechas recientes un único macho juvenil (y sin duda solitario) con collar de telemetría cruzó hacia el sur de la frontera de Oregón convirtiéndose en el primer lobo silvestre en California desde hace casi un siglo, pero, como era de esperarse, los ganaderos no lo recibieron bien.

Los lobos grises eran comunes en México hasta los años cincuenta. En esos años se inició una campaña de exterminación, promovida por el gobierno de Estados Unidos para evitar el cruce de estos animales a territorio estadunidense, con el argumento de que mataban al ganado. Miles de cadáveres de ganado envenenados con el poderoso pesticida 1080 esparcidos por el norte de México causaron la muerte de miles de carnívoros, desde osos grises hasta zorrillos. Nadie sabe exactamente cuántos lobos murieron, pero esta campaña inició el declive de la especie en México. La caza y el envenenamiento continuó durante las dos décadas siguientes y para cuando llegó 1970 pocos lobos sobrevivían en el país.

De forma irónica, el lobo mexicano se declaró en peligro de extinción bajo la Ley de Especies en Peligro de Extinción de Estados Unidos de América en 1976. Este país, junto con México, estableció un programa binacional de reproducción en cautiverio con los lobos silvestres que habían atrapado en México entre 1977 y 1980. Después de gastar millones de dólares para exterminar a los lobos silvestres, el gobierno de Estados Unidos inició un costoso programa para salvar a la especie de la extinción.

El programa de reproducción en cautiverio ha sido un éxito, aunque no se han alcanzado las metas en cuanto al número de poblaciones de lobos establecidas. En 1998 el lobo mexicano se reintrodujo a las Montañas Azules (Blue Mountains) de Arizona, después de décadas de haber desaparecido. Más de diez años después, en el verano de 2011, se reintrodujeron cinco lobos mexicanos a su antiguo hábitat en las montañas de San Luis en el estado de Sonora, cerca de la frontera de Arizona y Nuevo México. Para finales de 2012 sólo sobrevivía una hembra. Pese a estos intentos fallidos, el gobierno mexicano y el estadunidense continuaron planeando el restablecimiento del lobo mexicano y ahora hay alrededor de 163 en Arizona y Nuevo Mexico. En México la primera camada silvestre se registró en la primavera de 2014. Se trató de los primeros lobos nacidos en estado silvestre en México desde hace cuatro décadas. A la fecha han nacido 9 camadas y ya hay alrededor de 37 lobos silvestres.

Las acciones para salvar a los lobos son una esperanza para esta especie que alguna vez estuvo en peligro de extinción. Es probable que nunca volvamos a ver los números de lobos que existían antes, pero, por lo menos, el futuro de esta especie es alentador. Es un hecho que los humanos y los lobos siempre estarán en conflicto; por eso, y para que ambas partes se beneficien, existe el seguro ganadero, una compensación para aquellos ganaderos que pierden animales por la depredación de los lobos. Esta iniciativa reduce tensiones, recluta ganaderos en los esfuerzos de conservación y es mucho más barato que llevar a una especie al borde de la extinción y después gastar millones en intentar recuperarla. Las buenas prácticas ganaderas también protegen a otras especies de plantas y animales en peligro de extinción. La gigantesca extensión que cubren en conjunto los ranchos ganaderos en el mundo presenta un potencial enorme de conservación.

Nuestros parientes gigantes

Los gorilas son miembros del grupo al que los humanos pertenecemos: los grandes simios. Estos fascinantes parientes, representados por dos especies (cada una de ellas con dos subespecies), habitan sólo los bosques tropicales y subtropicales de África Central. Por más de un siglo, los gorilas han alimentado la imaginación de exploradores que los han considerado feroces y peligrosos, aun cuando son generalmente inofensivos. La conducta de los machos dominantes frente a una amenaza puede sin duda ser muy intimidante y seguramente los exploradores no se quedaban a ver si el espectáculo del gorila de 200 kilogramos venía acompañado de una acción violenta pero, a decir verdad, los gorilas son el menor de los verdaderos peligros de África (el mayor peligro son los mosquitos).

Hasta mediados del siglo XIX, los gorilas eran conocidos en el mundo occidental solamente a través de rumores. En 1847 el reverendo Thomas Savage, un misionero establecido en África occidental, recibió el cráneo de un simio desconocido. Él escribió en la Revista de Historia Natural de Boston (*Boston Journal of Natural History*) lo siguiente: "poco después de mi llegada [a Gabón] el señor Wilson me enseñó un cráneo, identificado por los nativos como parte de un animal parecido a un mono, notable por su tamaño, ferocidad y hábitos". Savage inmediatamente observó que el cráneo era de "una nueva especie de primate, una más grande y más poderosa que los humanos".

Los gorilas son los de mayor tamaño entre los grandes simios y pasan su tiempo alimentándose en el suelo, generalmente de hojas, tallos, brotes, raíces y frutas. En décadas recientes sólo se reconocía a una especie, pero los estudios genéticos indican que probablemente existan dos. Una de ellas es el gorila oriental que, a su vez, tiene dos subespecies llamadas gorila oriental de montaña y gorila oriental de planicie.

La otra especie se encuentra en África occidental, donde la subespecie más común es el gorila occidental de llanura (la especie más común en los zoológicos), mientras que el gorila del río Cross es una subespecie más elusiva. Las cuatro subespecies de gorila se enfrentan a enormes desafíos resultado de una mezcla de guerras civiles, milicias armadas itinerantes, cacería, caza furtiva para "usos medicinales", enfermedades transmitidas por el humano (como el ébola, causado por un virus) y la destrucción de su hábitat.

Los gorilas de montaña se volvieron noticia internacional hace algunas décadas, cuando Dian Fossey fue asesinada. Fossey fue una científica que estudió a los gorilas por más de veinte años y publicó un famoso libro titulado *Gorillas in the Mist* (*Gorilas en la niebla*). Su asesinato fue publicado en numerosos medios y reunió a la comunidad internacional. La situación de conservación de los gorilas de montaña se convirtió en prioridad para muchas organizaciones, entre ellas la Fundación Internacional Dian Fossey para los gorilas.

Actualmente los gorilas de montaña siguen siendo escasos; aunque en la ultima década han aumentado sus poblaciones y se estima que ahora hay alrededor de mil individuos, lo que es una excelente noticia. La razón principal por la cual los turistas visitan Ruanda y gastan una cantidad considerable de dinero para ser guiados a través de los senderos del Parque Nacional de los Volcanes, es para ver a los gorilas. Pero el costo y el esfuerzo físico valen la pena; nosotros hemos observado escenas maravillosas como la de una madre amamantando a su cría mientras un juvenil ruidoso juguetea a sus pies y un macho alfa (espalda plateada) dispersa a unos juveniles que molestaban a una cría que intentaba comer corteza de un árbol.

En 1994 la población de gorilas sufrió durante el terrible genocidio en Ruanda que reclamó más de 800 mil vidas humanas. El sistema de seguridad del Parque Nacional de Ruanda colapsó durante la masacre y todos los científicos y conservacionistas occidentales dejaron Ruanda rápidamente. Por más de un año no hubo noticias de los gorilas; se temía lo peor: la extinción de una subespecie aunada a la pérdida de tantas vidas humanas. La historia de los gorilas fue trágica y, a la vez, esperanzadora. Varios guardias locales, verdaderos héroes anónimos, no recibieron pago o ayuda en ese tiempo, pero se quedaron en los volcanes de Virunga para proteger a sus queridos animales. Varios fueron brutalmente asesinados durante la atroz guerra, pero los que sobrevivieron lograron proteger a los gorilas. Cuando las fuerzas rebeldes se apoderaron del parque y las áreas circundantes, los guardias los convencieron, asombrosamente, de la importancia de conservar a los gorilas y sus bosques. Al final de la guerra, cuando finalmente fue seguro volver al parque, los extranjeros fueron recibidos con una gran sonrisa por los exhaustos y malnutridos protectores.

Estos ruandeses comprometidos fueron clave para la supervivencia de los gorilas en tiempos peligrosos. La humanidad está en deuda con ellos. En las últimas décadas más de trescientos guardaparques han sido asesinados tratando de evitar la caza furtiva de estos maravillosos gorilas. Los mil gorilas de montaña que habitan la pequeña área que incluye regiones de Ruanda, la República Democrática del Congo y Uganda, están vivos gracias a ellos, a su sacrificio

Los gorilas de planicie se encuentran críticamente amenazados por la cacería, el virus del Ébola y, por supuesto, la destrucción de sus bosques por la creciente población humana. La tala es un gran problema que causa deforestación, mientras que la construcción de infraestructura también permite la entrada de cazadores a estas zonas remotas y el establecimiento del mercado ilegal de carne. Este macho en Gabón quizá represente a uno de nuestros parientes más cercanos que ya no existirá a mediados del siglo XXI.

y valentía. Todos los días se despiertan con una misión: proteger a los grandes simios.

En la actualidad las gigantescas faldas del volcán, hogar de los gorilas de montaña, están aún cubiertas por bosque, pero éste está completamente rodeado por granjas. El parque está delimitado por una barda de roca que lo protege contra la continua invasión para tierras de cultivo. Desde el aire parece un zoológico: la frontera entre el parque y las tierras de cultivo no podría ser más abrupta. Una caminata de 90 minutos podría llevarte a encontrar a un gigante espalda plateada de 250 kilogramos recostado sobre un árbol. Puedes observar al gorila y su hábitat, y al mismo tiempo ver los campos y pueblos en la distancia, escuchar los ladridos de los perros y la música tenue de la radio; una extraña mezcla entre civilización y los últimos gorilas remanentes. Es un mundo silvestre poblado por guardias armados, guías y rastreadores que protegen incansablemente a estos animales, aunque, también, es una historia de éxito en cuanto al turismo, el cual provee ingresos sustanciales a Ruanda y Uganda y mantiene la esperanza de que en el futuro aún habrá lugar para estas maravillosas criaturas.

En el occidente, la situación del gorila del río Cross es menos segura que la de sus parientes en la montaña. Menos de trescientos individuos sobreviven en Nigeria y Camerún. Esta subespecie es la más amenazada de todas, ya que se enfrenta a la caza furtiva y la destrucción de los bosques donde habita. Se creía que el gorila del río Cross estaba extinto en Nigeria, pero un monitoreo reciente indicó que hay entre 75 y 110 individuos que sobreviven en ese país. En Camerún aún sobreviven en los bosques bajos tropicales, pero el tamaño de su población es desconocido.

El gorila occidental de planicie es la subespecie más ampliamente distribuida y abundante. En 2008 la Sociedad de Conservación de la Fauna Silvestre (Wildlife Conservation Society) descubrió a una población grande, y hasta ese momento desconocida, viviendo en los bosques pantanosos al norte del Congo. Este grupo aumentó el número de gorilas occidentales de planicie a unos 100 mil individuos, aunque esta población parece estar disminuyendo rápidamente debido a la tala del bosque y las enfermedades emergentes.

La enfermedad más grave que amenaza a los gorilas es el virus del Ébola, que ha matado a miles de gorilas en este milenio. Se estima que, en un área remota en la frontera entre el Congo y Gabón, cerca del Santuario de Fauna Lossi, han muerto más de 5 mil gorilas. La epidemia se relaciona con el brote de ébola que hubo en el área en la década de los noventa. Aún existe mucha especulación alrededor del principal hospedero silvestre del virus, aunque un murciélago frugívoro es el candidato más probable. Se sabe que el humano frecuentemente se contagia de la enfermedad cuando destaza o entra en contacto con primates muertos. Es evidente también que los cazadores, guías y turistas pueden transmitirles la enfermedad a los simios.

El ébola no solamente representa una amenaza para los gorilas sino, como todos ahora saben, también para nosotros. La actual epidemia es una señal del deterioro de la relación salud-ambiente, ligado a factores como la sobrepoblación humana y la disponibilidad de medios rápidos de transporte. Mientras la civilización se extiende y el África silvestre se contrae, el virus del Ébola es un problema más de los ya numerosos que deben enfrentar los gorilas. Puede resultar reconfortante escuchar que existen 150 a 200 mil gorilas occidentales en las tierras salvajes de África, hasta que nos enteramos que nuestras mejores estimaciones indican que el número de gorilas es mucho menor que hace tres generaciones y que han disminuido 80 por ciento desde entonces.

La causa de Jane

Los chimpancés no hablan mucho, no construyen aviones ni coches, no se casan, no festejan bar mitzvahs ni primeras comuniones, ni ninguna otra cosa de las que hacen a nuestras culturas lo que son. Aun así, en el árbol de la vida, ellos y sus primos los bonobos, también conocidos como chimpancés pigmeos, son nuestros parientes vivientes más cercanos. Todos nosotros somos ramificaciones de un mismo tronco.

Los chimpancés son los más abundantes de los grandes simios (sin considerar al humano) y aun así los superamos 10 mil veces en número. Mientras sus poblaciones siguen cayendo, las nuestras están aumentando, lo cual los amenaza a ellos y a nosotros mismos.

Conocemos a los chimpancés por las películas y los circos, pero son mejor recordados como los animales silvestres que apreciamos en gran medida gracias a Jane Goodall.

A inicios de la década de 1970, en el sitio de estudio de chimpancés del Parque Nacional Gombe Stream en Tanzania, Goodall acostumbró gradualmente a los miembros de la comunidad de chimpancés, llamada Kasakela, a su presencia. Con el tiempo, los chimpancés le permitieron observar sus interacciones. Hubo momentos pacíficos y conmovedores, pero también brutalidad salvaje. Un día una hembra y su cría fueron brutalmente atacadas por machos de la propia comunidad Kasakela. Los machos se la llevaron hasta un árbol, la mataron y se la comieron. Según los observadores, momentos después los machos parecían pensar que estaban haciendo algo "malo" y uno de ellos cargó el cuerpo de la cría 3.2 kilómetros hasta el campamento de Goodall y lo dejó en la entrada del laboratorio. Nos abstenemos de interpretar la última parte de esta secuencia conductual pero, de hecho, éste no fue un evento aislado, pues la muerte de crías por ataques similares de miembros de otros grupos ocurrieron varias veces en Gombe.

En este periodo la comunidad de Kasakela se separó en dos, una comunidad al norte (Kasakela) y otra comunidad al sur (Kahama). La comunidad de Kasakela incluía seis machos en edad reproductiva y dos machos viejos; la comunidad de Kahama consistía en siete machos, cuatro en edad reproductiva, un adulto no reproductivo, un viejo y un juvenil. Ambas comunidades patrullaban sus territorios, algo común en chimpancés territoriales. Grupos compactos de machos y usualmente también hembras en celo se movilizaban silenciosamente por las áreas periféricas. En 1971, durante las etapas tempranas de separación, en ocasiones había despliegues antagonistas

por parte de los machos del sur, pero generalmente las interacciones eran pacíficas. Para 1974 los encuentros se habían vuelto mucho más agresivos. Los machos de Kasakela empezaron una serie de incursiones violentas contra los del sur en las que ocurrían ataques prolongados. Al llegar 1977 los machos de Kasakela habían liquidado a la comunidad del sur y todos los machos reproductivos estaban muertos (desaparecidos o dados por muertos). La reestructuración del territorio no terminó ahí: la destrucción de la comunidad de Kahama eliminó el amortiguador entre la comunidad Kasakela y la comunidad Kalande, la cual consistía en nueve machos y se localizaba aún más al sur. Los poderosos chimpancés de Kalande empezaron a extenderse hacia el norte a costa de los de Kasakela, quienes en respuesta se movilizaron más al norte. La vigilancia y las tensiones continuaron.

Existe evidencia sólida de que esta conducta violenta y agresiva es común entre grupos de chimpancés en estado silvestre. Pero la cultura de cada grupo difiere entre lugares y no debemos olvidar que los chimpancés de Gombe habitaban un área cuyo hábitat había sido drásticamente reducido. En 1960, cuando Jane Goodall empezaba su trabajo visionario en Gombe, el bosque se extendía continuamente por 96 kilómetros al este del lago Tanganika. Una década después, el mismo bosque abarcaba solamente 3.2 kilómetros; para ese entonces grandes extensiones de bosque habían sido deforestadas para establecer campos de cultivo. El ambiente cambió radicalmente, lo que causó un inusual hacinamiento y escasez de recursos para los chimpancés, lo cual pudo producir la violencia entre los grupos.

Desde hace algunas décadas el número de chimpancés ha disminuido. Se calcula que tras los 60 años que separan 1970 y 2030 los chimpancés silvestres se reducirán 50 por ciento. Sin embargo, excluyendo

al humano, los chimpancés son los más abundantes entre los grandes simios y se estima que existen varios cientos de miles en África ecuatorial. Aun así, estos números sólo los protegerán por algún tiempo. Su futuro es incierto, ya que la creciente población humana está deforestando sus bosques para convertirlos en tierras agrícolas, comercializar madera y extraer minerales y piedras preciosas.

La tala ilegal afecta de muchos modos a los chimpancés, pues incluso en áreas que no han sido aún deforestadas la construcción de caminos beneficia a los cazadores que entonces cuentan con acceso a más zonas donde matarlos para alimentarse,

Los bonobos son nuestros parientes vivientes más promiscuos. Anteriormente se les conocía como chimpancés pigmeos, pero son más delgados y erguidos que los chimpancés comunes, lo que los hace más parecidos a nosotros que a ellos.

comercializarlos como mascotas o para investigación médica. Pero al igual que con los gorilas, los humanos transmiten enfermedades como el ébola. En conclusión, basta con que construyas un camino hacia un bosque antiguo y alguna vez remoto y pronto verás el declive de los chimpancés y de la vida silvestre.

Los bonobos son, en algunos aspectos, más parecidos a nosotros que los chimpancés, su grupo filogenético hermano; por ejemplo, los bonobos son más delgados y caminan más erguidos. Estos simios habitan la República Democrática del Congo, donde seguramente están más amenazados debido a su distribución restringida, la cacería, las enfermedades y la pérdida del hábitat. La fácil disponibilidad de armas de fuego, resultado de la guerra civil, se traduce en más cazadores de bonobos. Un cálculo optimista sobre el tamaño de su población podría ser un poco más de 50 mil individuos.

Aunque los bonobos no han sido tan estudiados como los chimpancés, sabemos que también presentan interacciones antagonistas entre machos. Los individuos se golpean, muerden, empujan y maltratan mediante distintos despliegues. Los machos sumisos responden de diferente forma a las agresiones de los machos dominantes; una de ellas es permitir que el macho dominante los monte. Existe una importante competencia sexual entre machos, donde los individuos dominantes parecen tener más oportunidades de aparearse, aunque los machos sumisos también son bastante exitosos, quizá porque las hembras tienen periodos de celo más largos y más frecuentes que las hembras chimpancés. Hasta ahora la conducta de ataque entre grupos no se ha observado en los bonobos. Muchos conflictos se evitan con sexo comunal y frotamiento de genitales femeninos, prácticas comunes para aliviar tensiones dentro de la población.

"El hombre de los bosques"

Los orangutanes son, entre los grandes simios, nuestros únicos parientes que se encuentran en Asia en las islas de Borneo y Sumatra. En idioma malayo "orang" y "hutan" se traduce como "hombre de los bosques". Los orangutanes son extremadamente inteligentes; un turista aventurero y con suerte puede observarlos en la parte oriental de la isla de Borneo, cerca de la entrada de la cueva Gomantong.

Esta cueva es famosa por sus nidos de golondrinas, los cuales son recolectados después de la temporada de reproducción de estas aves, utilizando elaboradas escaleras de bambú. Algunos nidos provienen de sitios hasta 90 metros de alto. Los colectores arriesgan sus vidas dos veces al año para recolectar los valiosos nidos que se venden a buen precio por ser el principal ingrediente de la sopa china de nido de ave. La cueva está rodeada por un bosque tropical protegido que mantiene poblaciones sanas de orangutanes, macacos y otros primates. Los orangutanes se sienten muy tranquilos ahí y parece que no le temen a los humanos, sintiéndose protegidos de los cazadores furtivos.

A una hora de la cueva se encuentra el Centro de Rehabilitación de Orangutanes de Sepilok, famoso mundialmente por sus esfuerzos de conservación destinados a rehabilitar orangutanes huérfanos, cuyas madres fueron asesinadas por cazadores. Cuando hay individuos juveniles recuperados del comercio de mascotas, también son trasladados al centro de rehabilitación para su posterior liberación; estos orangutanes corren con suerte. Allí, el personal los entrena para sobrevivir en la selva por sí mismos. Visitar este centro puede ser una experiencia conmovedora. Al seguir el sendero hacia la plataforma donde se alimentan, uno puede observar a varios orangutanes juveniles y algunos cuantos adultos vagando

El orangután de Sumatra, endémico de la isla y restringido a la punta norte, es otro de nuestros parientes cercanos que está desapareciendo. La infraestructura carretera y la tala indiscriminada están destruyendo y fragmentando los bosques donde este simio arborícola habita. También son cazados por los campesinos en áreas donde buscan consumir la fruta de los cultivos, su alimento principal, así como por traficantes para venderlos como mascotas y a zoológicos.

libremente en la selva alta tropical que rodea al centro de rehabilitación.

En la misma región se encuentra el valle Kinabatangan, uno de los últimos humedales de Borneo mundialmente conocido por sus elefantes y abundante fauna silvestre. Aunque las grandes plantaciones de aceite de palma han afectado gravemente el valle y desplazado a los orangutanes y otros animales, aún existen grandes extensiones de selva y humedales. Durante un paseo en bote a través de los manglares es posible observar orangutanes, monos narigudos y otras especies en peligro de extinción que sólo se encuentran en Borneo. Los monos narigudos habitan exclusivamente pantanos, bosques de galería y manglares. Los machos pesan 24 kilogramos, son el doble de grandes que las hembras y poseen una nariz bastante grande y conspicua, a la que deben su nombre común. Estos monos están en peligro de extinción; su población ha disminuido 50 por ciento en los últimos treinta años, principalmente a causa de la pérdida del hábitat y la cacería indiscriminada. La región de Kinabatangan en Sabah mantiene una de las últimas poblaciones de esta especie.

Hasta hace 12 mil años los orangutanes se encontraban también en el continente asiático, desde el sur de China hasta la península malaya, pero al llegar el siglo XVII la distribución de la especie ya se había reducido a sólo las islas de Borneo y Sumatra. Un equipo de científicos propuso, basado en evidencia genética, que los orangutanes de ambas islas, considerados por mucho tiempo la misma especie, eran en realidad dos especies distintas. En la actualidad ambas poblaciones son consideradas especies separadas. Este tema no es exclusivamente de interés científico, sino que tiene importantes implicaciones para la conservación, porque si son especies distintas, entonces el orangután de Sumatra está críticamente amenazado, pues sólo sobreviven unos 7,500 individuos, número que implica una disminución de 60 por ciento de su población en sólo dos décadas. Su rango geográfico está restringido a la provincia de Aceh, al norte de la isla. El orangután de Borneo, por su parte, se encuentra en mejores condiciones, puesto que habita un área mucho más grande y el tamaño de su población se estima en 104 mil individuos. Las diferencias genéticas también nos indican que no se deben llevar orangutanes de una isla a la otra.

Pese a su gran población, es difícil observar un orangután de Borneo en estado silvestre, aunque en su reino se pueden disfrutar otras maravillas. Allí puedes observar a una ardilla roja voladora gigante trepar hasta la punta de un árbol y sobrevolar el valle de 100 metros o más y desaparecer detrás de los árboles. Esta ardilla no se encuentra en peligro de extinción debido a su amplia distribución, pero sus poblaciones están desapareciendo gracias a la globalizada destrucción del hábitat por parte de los humanos.

Los orangutanes están desapareciendo más rápido que las ardillas voladoras porque su distribución es mucho más restringida; su ámbito hogareño es más grande y su hábitat natural está siendo convertido en plantaciones de palma, campos para agricultura y ciudades. Sumatra ha perdido prácticamente todos sus bosques de tierras bajas y Borneo está siendo deforestado rápidamente. Las plantaciones de palma, económicamente rentables, están reemplazando rápidamente a los bosques naturales y a su fauna nativa en el valle Kinabatangan y otras regiones que pertenecen a Malasia y a Indonesia. Las nuevas plantaciones en parques naturales están destruyendo a los orangutanes y a poblaciones de miles o quizá cientos de miles de especies de plantas y animales. Es una tragedia horrible; familias solas o grupos de familias de orangutanes se ven aislados en un remanente de bosque de unos cuantos árboles, abandonados hasta que mueren por inanición. Esto es parte de la hecatombe de la naturaleza, promovida incluso por organizaciones neocolonialistas como World Growth, que reciben numerosos financiamientos en nombre del desarrollo económico y pretenden trabajar en pro de la conservación, pero que en realidad aceleran el empobrecimiento de la vida y la belleza del planeta.

Los maravillosos elefantes

Al observar a la manada de quinientos elefantes africanos en las selvas tropicales del Parque Nacional

Chobe en Botswana, uno podría preguntarse por qué estas maravillosas criaturas están en peligro de extinción a pesar de los numerosos y prolongados esfuerzos internacionales para protegerlos. Los elefantes africanos actualmente representan menos de la mitad de lo que eran en 1979, cuando su población se estimaba en 1.3 millones. Para ese entonces ya habían sufrido bastante por la cacería para obtener su preciado marfil; un elefante grande puede llegar a tener hasta 100 kilogramos de marfil. También sufren por la pérdida de hábitat, el comercio de carne ilegal y enfermedades; millones de elefantes fueron masacrados en el siglo XIX y XX. El punto máximo del comercio de marfil ocurrió en el siglo XIX, cuando cada año se vendían 900 mil kilogramos de marfil a países occidentales y asiáticos. El conocido elefante de sabana es todavía común, pero es considerado una plaga para la agricultura, pues en cuestión de minutos unos pocos de estos elefantes pueden destruir la cosecha anual de un campesino.

Los elefantes asiáticos son los únicos que se pueden adiestrar fácilmente para trabajo y entretenimiento. Al igual que sus primos africanos, están amenazados por la fragmentación de su hábitat, la caza ilegal para obtener su marfil, carne y cuero, los conflictos con humanos debido al ataque a cultivos, la captura de individuos para zoológicos y para su domesticación para trabajar en turismo y silvicultura. Este tipo de escenas ideales en un parque nacional de la India se está volviendo cada vez menos común.

El elefante de selva, habitante de las selvas de la cuenca del Congo, ha sido declarado recientemente una especie diferente. Al igual que sus más conocidos parientes de la sabana, los elefantes de selva han disminuido drásticamente en número a causa de los cazadores ilegales de marfil. Su situación es precaria por las mismas razones por las que el elefante de sabana está amenazado: la creciente población humana, la destrucción del hábitat y, especialmente para el elefante de selva, por la demanda de su carne para alimentar a los trabajadores que laboran en la creciente industria maderera y minera de África central y occidental. Los elefantes están distribuidos ampliamente y desempeñan un papel crítico en la dispersión de semillas y en la creación de senderos y claros para el beneficio de otros animales. Como no prestan atención a los límites entre reservas, áreas deforestadas y asentamientos humanos, esta conducta dificulta su supervivencia y demanda que se realicen esfuerzos serios para protegerlos. La población de elefantes de selva ha disminuido drásticamente en las últimas décadas: de un millón en 1950 a menos de 17 mil actualmente. Solamente en la última década la población disminuyó 65 por ciento en relación con los 60 mil individuos que se registraron en 2002.

Actualmente, a pesar de los esfuerzos internacionales para prohibir completamente el comercio de marfil, un número estimado de 20 mil elefantes son asesinados cada año por sus colmillos. Los cazadores deportivos matan legalmente a unos cuantos miles, generando un ingreso para muchas comunidades y países. La caza legal de algunas especies puede actuar como un fuerte incentivo para la conservación si está correctamente regulada, como sucede en Sudáfrica. Además, el valor que los elefantes agregan al ecoturismo de muchos países es inmenso y posiblemente sostenible.

Sería maravilloso que en el año 2050 algunos de nuestros descendientes aún puedan ir al delta Okavango y disfrutar los espectáculos que uno puede ver hoy. En el delta se pueden observar de 15 a 20 elefantes jugando en un pequeño lago, sumergiéndose y saltando como ballenas en el agua, azotando el agua con sus colmillos y empujando a los jóvenes al lomo de sus madres. ¡Tal escena debe valer infinitamente más que unos asientos en la yarda 50 del Super Bowl!

Antes, el elefante asiático estaba ampliamente distribuido en Asia, desde la India y Nepal, hasta la isla de Borneo. Desafortunadamente la destrucción del hábitat, la cacería ilegal y el comercio han reducido drásticamente sus poblaciones y ahora se aferran a la existencia en algunas cuantas áreas protegidas, fragmentadas y aisladas.

Las especies mermadas de rinocerontes

El cráter Ngorongoro es la caldera (depresión) de volcán más intacta del mundo. Este cráter mide 18 kilómetros y está rodeado de una pared de 400 hasta 600 metros de altura. Localizado al sur del Parque Nacional Serengueti en Tanzania y con una superficie de 260 kilómetros cuadrados, está repleto de fauna. La ceniza y material volcánico de mayor tamaño, resultante de la explosión de este antiguo volcán, forma un gradiente de suelo poroso que moldea el ecosistema completo del Serengueti. El cráter mantiene una muestra de los "cinco grandes animales de caza" en África: leones, elefantes, rinocerontes negros, búfalos cafre y leopardos. El cráter también mantiene una pequeña población de rinoceronte negro de dos cuernos (o rinoceronte labio ganchudo). Estos rinocerontes, solitarios y de fuerte temperamento, se alimentan de las hojas de los arbustos y

El rinoceronte indio parece poseer una armadura debido a la apariencia de su gruesa piel. A diferencia de sus parientes africanos, sólo tiene un cuerno y sus labios están adaptados para alimentarse de pastos, su principal alimento.

otros tipos de vegetación, y son ahora las joyas del parque.

A finales de la década de 1960 se calculaba que la población de este magnífico rinoceronte rondaba, increíblemente, los 70 mil individuos, lo cual ya era una muy pequeña muestra de una población mucho más grande que ocupaba antiguamente el oriente y sur del continente. En el siglo XIX y a principios del XX los rinocerontes sufrieron gravemente por la cacería furtiva, relacionada con la deforestación para abrir paso a la agricultura. También eran perseguidos por considerárseles peligrosos e incompatibles con los asentamientos humanos. A finales del siglo XX estos animales se encontraban al borde de la extinción por la incansable cacería destinada a obtener sus cuernos altamente valorados para la elaboración de dagas (jambias) tradicionales, especialmente en el norte de Yemen, donde la nueva riqueza obtenida por la explotación del petróleo subió los precios de estos instrumentos. Otra oscura fuente de demanda es el mercado de medicinas tradicionales y afrodisiacas en Asia. A finales de los años ochenta, el precio de cuerno de rinoceronte era de hasta 20 mil dólares por kilogramo (750 dólares por onza), precio mucho mayor al del oro en esa época. Un rinoceronte muerto carente de sus dos cuernos era la escena típica en la planicie africana, por lo que, en su intento de protegerlos, los conservacionistas los sedaban y les cortaban los cuernos.

Ante esta situación esperamos que la llegada del Viagra reduzca la demanda que ocasiona esta matanza, disminuyendo el valor de los cuernos de rinoce-

El rinoceronte de Sumatra es el más pequeño de los rinocerontes. También es el menos conocido y común, a excepción del casi extinto rinoceronte de Java. Antes se extendía ampliamente en el sureste asiático, pero actualmente está confinado a la isla de Sumatra, donde hoy sobreviven menos de 100 individuos.

ronte (y penes de tigre). En Asia y particularmente en China esta "pequeña pastilla azul" podría ser el arma que se necesita para salvar a los rinocerontes y a otras especies carismáticas. Gracias a los esfuerzos de conservación que han recuperado a la especie, se estima que actualmente existen 5 mil rinocerontes negros, un gran logro de los 2,500 individuos que había a principios de los años noventa. No obstante, su existencia sigue en peligro y sólo la constante vigilancia puede salvarlos.

Otras especies incluyen al rinoceronte blanco, relativamente dócil, sociable y también con dos cuernos, cuyo color es realmente café-amarilloso o gris claro. Su nombre, erróneamente traducido del afrikáans "wijd", se refiere a su hocico amplio, acoplado a su alimentación basada en pastos. Los rinocerontes blancos y los rinocerontes indios son probablemente los mamíferos terrestres más grandes después de los elefantes (aunque los hipopótamos también se escabullirían en este grupo). Abundante al sur de África, el rinoceronte blanco es el menos amenazado, pues cuenta con quizá unos 20 mil individuos en general, de los cuales cerca de mil se encuentran en zoológicos. Este rinoceronte ha sido perseguido por las mismas razones que sus primos negros, pero sus hábitos gregarios facilitan su protección en áreas relativamente pequeñas.

El magnífico rinoceronte de la India (o rinoceronte unicornio) se distribuía antiguamente desde la India hasta China, pero actualmente se encuentra confinado a algunas áreas protegidas de Nepal e India. Es igual de grande que el rinoceronte blanco y su gruesa piel platinada le da una apariencia de armadura. A pesar de la cacería furtiva motivada por el comercio de cuernos destinados a intentar curar la impotencia masculina, en la actualidad quizá sobrevivan unos 3 mil individuos, principalmente en Assam.

La crueldad de la caza furtiva hacia los grandes mamíferos puede ejemplificarse con el destino de muchos rinocerontes indios. La técnica más común para cazarlos es con armas de fuego. Los rifles y las municiones son proporcionados por los traficantes de cuernos a personas que son contratadas para realizar la cacería. También, cuando el terreno es adecuado, se usan trampas de caída para atrapar al rinoceronte y proceder a serrar su cuerno cuando el animal aún está vivo. En ocasiones se utilizan las líneas eléctricas cercanas a las reservas para electrocutarlos. Otras maneras de matarlos son agregando veneno para ratas e insecticidas en la sal que los rinocerontes frecuentemente lamen, así como el estrangulamiento con sogas de alambre. Con estas descripciones se puede tener una imagen del cruel modo en que estos impresionantes animales están siendo llevados al borde de la extinción. Con la ayuda del Fondo Mundial para la Naturaleza y los gobiernos de Nepal y la India se ha luchado para tratar de proteger a estos rinocerontes, pero necesitaran mucha suerte, pues se enfrentan a adversarios determinados.

Las otras dos especies de rinoceronte se encuentran en graves problemas. El rinoceronte de Java, pariente cercano del rinoceronte indio y confinado a la isla de Java, estaba ampliamente distribuido en el sureste asiático, pero en la década de 1970 sólo quedaba en esta isla. Sorprendentemente, un grupo de aproximadamente 10 animales se descubrió en Vietnam en 1996, pero un cazador mató al último individuo en 2010. Ahora es el mamífero grande más escaso del mundo. Es tan escaso, que un ecólogo que los había estudiado por años nunca había visto uno, sólo su excremento, y cuando uno pasó caminando por su campamento ¡él no estaba! Menos de 60 individuos sobreviven actualmente en el Parque Nacional Ujung Kulon en Java, constantemente protegidos por unidades especiales. Hay planes de reintroducción en un segundo sitio en Indonesia, pero los rinocerontes de Java no suelen sobrevivir en cautiverio; no se encuentran en ningún zoológico y los intentos de reproducción en cautiverio han fallado rotundamente. La cacería y la pérdida de su hábitat (especialmente debido a las guerras) lo han puesto en esta terrible situación. El éxito del programa de conservación es lo único que los mantiene entre la supervivencia y la extinción.

El pequeño rinoceronte de Sumatra tiene dos cuernos al igual que sus parientes africanos, pero se encuentra en una fracción de su rango original: Sumatra y Borneo. Es peludo y puede sobrevivir a mayores alturas en la montaña. Actualmente sobreviven menos de trescientos individuos. Su situación es muy similar a la de los otros rinocerontes y tampoco sobrevive fácilmente en cautiverio. Los programas de reproducción en cautiverio han resultado controversiales ya que algunos científicos reclaman que el presupuesto y esfuerzo invertido sería más provechoso si se invirtiera en las poblaciones silvestres existentes y no en las que se encuentran en cautiverio.

Con la extinción del tigre de Tasmania, el amenazado demonio de Tasmania es ahora el marsupial carnívoro más grande de la Tierra.

La enfermedad del demonio

Dejando a los grandes mamíferos atrás, está la situación del demonio de Tasmania. Este "demonio" es el marsupial carnívoro más grande que sobrevive actualmente en la Tierra. Heredó su nombre, desafortunadamente, tras la extinción del tilacino o tigre de Tasmania. Aún a finales de la década de 1980 nadie sospechaba que este abundante marsupial sufriría de una misteriosa enfermedad que lo llevaría al borde de la extinción. Los demonios de Tasmania son poderosos cazadores y carroñeros, y su mordida es la más fuerte de todos los mamíferos (proporcional a su masa corporal). Son conocidos por su comportamiento agresivo, ya que los individuos se muerden y rasguñan brutalmente, en especial cuando compiten por algún cadáver; un comportamiento parecido al de las hienas manchadas.

En 1996 un biólogo encontró a un individuo con extrañas lesiones en el rostro y en los siguientes años fueron detectándose más animales enfermos o muertos. Para el año 2009 la especie estaba catalogada como en peligro de extinción debido al colapso de su población; sobrevivían de 10 mil a 15 mil individuos, lo que representaba una disminución de 80 por ciento de la población original. La enfermedad, conocida ahora como la enfermedad de tumores faciales del demonio de Tasmania (DFTD, por sus siglas en inglés), se describe como una "enfermedad infecciosa emergente de cáncer facial" que se transmite directamente entre los animales cuando pelean. Este modo de transmisión de cáncer es extremadamente raro, casi desconocido en la naturaleza. Debido a la gravedad de la amenaza, las medidas de conservación para salvar al demonio incluyen la exterminación de individuos enfermos; la erradicación de la enfermedad en áreas confinadas como penínsulas; la extracción y reproducción en cautiverio de individuos

sanos; y el establecimiento de poblaciones en islas libres de esta enfermedad.

Los amos de la noche

Los murciélagos representan aproximadamente 20 por ciento de todas las especies de mamíferos silvestres existentes y son los únicos que pueden volar. Aunque las llamadas ardillas y lémures voladores son capaces de planear de un árbol a otro, son incapaces de emprender vuelo. Los murciélagos son criaturas intrigantes y poco apreciadas que desempeñan un papel fundamental en los ecosistemas naturales y en el bienestar humano. Las especies insectívoras consumen enormes cantidades de insectos que

El murciélago cola de ratón es uno de los mamíferos más abundantes y más ampliamente distribuidos en el continente americano. Esta fotografía nos revela por qué los murciélagos son los principales depredadores de insectos y cómo actúan como un elemento clave en el control de plagas. A pesar de sus grandes colonias, este murciélago es cada vez menos abundante y se teme que propague la enfermedad de síndrome de nariz blanca. Esta enfermedad se registró recientemente dentro de su área de distribución y, aunque la especie no es vulnerable, puede ser un riesgo para otras si es portadora.

actúan como plagas en los cultivos o que transmiten enfermedades a humanos. Las enormes colonias de murciélagos de hasta 20 millones de individuos al norte de México y sur de Estados Unidos consumen alrededor de 40 toneladas de insectos cada noche. Si las estimaciones de los científicos son correctas, únicamente el servicio de control de plagas que proveen a la agricultura se valora en miles de millones de dólares anuales. También ayudan a controlar enfermedades transmitidas y originadas por insectos, como la encefalitis viral (incluido el virus del Nilo Occidental) en Estados Unidos, así como la malaria o el dengue, los cuales seguramente se volverán cada vez más comunes en los estados del sur debido al calentamiento global.

Los murciélagos son también importantes polinizadores de plantas de interés económico y ecológico, y dispersan semillas de muchos árboles tropicales; sin estos animales, muchas plantas se extinguirían. Desafortunadamente, las enfermedades, el impacto que tienen las especies introducidas (como las serpientes), la destrucción de sus refugios y hábitat, y el ataque directo a las colonias han puesto en peligro a muchas especies de murciélagos.

En la isla de Guam la serpiente arborícola marrón se alimenta de murciélagos, rascones y otras aves. Esta serpiente es un depredador voraz que ha diezmado tres especies de murciélagos en la isla. La población del zorro volador de las Marianas colapsó hasta que sólo quedaban menos de cincuenta individuos, pero se ha recuperado en los últimos años y se estima que ahora existen unos mil animales. Su supervivencia es incierta, y la depredación de la serpiente marrón su mayor amenaza. El destino del pequeño zorro volador de Guam es aún más incierto, ya que se le considera extinto. La tercera especie, el murciélago cola de vaina, ha sido erradicado de Guam, pero aún sobrevive en islas cercanas.

Una nueva enfermedad llamada síndrome de nariz blanca, ocasionada por un hongo, ha surgido en el este de Estados Unidos y Canadá y ha exterminado a poblaciones enteras de murciélagos. A los cinco años de su aparición cerca de Albania, Nueva York, en 2006 la enfermedad ya había aniquilado a más de un millón de murciélagos de varias especies insectívoras desde Carolina del Norte hasta Brunswick, en el este, y de Missouri hasta Oklahoma, en el oeste. Las víctimas son más vulnerables en invierno, cuando hibernan en cuevas o minas en masas compactas de cientos a miles de individuos, lo cual genera condiciones óptimas para el crecimiento de este hongo. Hay doce especies, todas invernan, que se conocen que padecen esta enfermedad. Algunas como el murciélago de Indiana han sido muy afectadas, con tasas de mortalidad mayores a 90 por ciento después del primer o segundo año de infección. Esta enfermedad también se presenta en Europa, pero los murciélagos europeos parecen tener mayor resistencia. Aún se debate si la enfermedad se introdujo desde un país europeo, pero se sospecha que un explorador de cuevas lo introdujo accidentalmente a América.

El síndrome comienza con fibras de color claro sobre el rostro (de ahí el nombre de la enfermedad), posteriormente se extiende a otras partes del cuerpo, invadiendo y carcomiendo la piel de las alas. Durante la hibernación los murciélagos infectados pueden despertar por hambre, ya que el hongo les roba energía, pero al no encontrar alimento (no hay disponibilidad de insectos en invierno) suelen morir por inanición o congelamiento. Científicos estadunidenses y canadienses están trabajando para encontrar una cura al síndrome de nariz blanca, incluyendo análisis genéticos para descifrar su letalidad y estudios con fungicidas para combatir al hongo. También existen esfuerzos para restaurar el hábitat veraniego de estos animales y proteger las colonias remanentes. Otros científicos están estudiando aspectos de la conducta que podrían reducir su vulnerabilidad y señales de resistencia genética, que podrían usarse para reconstruir las colonias posteriormente.

El mamífero más extraño

En una tarde cálida de noviembre, un arroyo ubicado al suroeste de Sídney, Australia, parece un lugar tranquilo. Sin embargo, bajo la superficie, uno de los mamíferos más extraños del mundo se encuentra ocupado buscando alimento. El ornitorrinco es un animal ovíparo (pone huevos) y semiacuático, que presenta un hocico similar al de un pato y una cola como la de un castor. Al ver su "pico de pato" uno se pregunta si en realidad es un mamífero, pero lo raro no acaba ahí. Los machos poseen un espolón en sus patas traseras que segrega veneno capaz de provocar un dolor intenso. Las hembras ponen huevos. Las patas de ambos sexos asemejan las de aves acuáticas y sus picos están equipados con sensores electromagnéticos.

Estos animales mantienen sus ojos, nariz y orejas cerradas al forrajear en el suelo de los arroyos. Los receptores electromagnéticos en su hocico responden a cambios de presión y del campo magnético, lo que les permite localizar a sus pequeñas presas, que son animales invertebrados. Sus madrigueras, ubicadas en o cerca de las orillas, representan un refugio para cuidar a las crías. Esta especie es un excelente ejemplo de un animal con el estatus de conservación más ordinario de la Tierra: está ampliamente distribuida y no se encuentra en peligro de extinción, pero como es el caso de muchos mamíferos y aves, sus números están decreciendo debido a las acciones humanas.

Los ornitorrincos aún habitan una gran porción del este de Australia. Los aborígenes los cazaban para alimentarse cuando emergían a la superficie, pero seguramente no afectaban significativamente a sus poblaciones. Después, los europeos los cazaron para el comercio de pieles, matando a varios cientos de miles de individuos antes de que se prohibiera esta práctica. La pesca comercial también alguna vez diezmó sus poblaciones, por lo que también se prohibió esta práctica. Entonces ¿por qué están en problemas? Es por el efecto indirecto acumulado de numerosas acciones humanas porque, aunque la pesca está prohibida, se sigue llevando a cabo en algunos lugares. Además, la disminución de la calidad del agua en áreas urbanas puede afectar el tamaño de sus poblaciones e incluso aislarlas por completo. Estos animales pueden sobrevivir en condiciones heladas, pero son sensibles a las altas temperaturas del agua y, sin duda, el clima en Australia se está calentando. La reciente introducción del zorro rojo en Tasmania también podría resultar en una depredación de ornitorrincos y, finalmente, la llegada de la carpa común a los arroyos de ese continente está alterando radicalmente su fauna, por lo que los efectos de esta especie invasora seguramente también serán negativos para estos animales semiacuáticos. Los ornitorrincos, como la mayoría de los mamíferos alrededor del mundo, están sufriendo "una muerte de mil cortes" en las manos y máquinas del *Homo sapiens*. Ellos son ejemplo del acoso que sufren los animales por la serie de condiciones que crecientemente plagan la ya sobrepoblada Tierra.

Extinción de un icono de la conservación

Algunos grandes mamíferos están extintos en estado silvestre pero aún sobreviven en cautiverio. Un ejemplo que se ha vuelto un icono de la lucha por la conservación de la biodiversidad es el milú o ciervo del padre David que disfruta mucho del agua. Se le conoce gracias al determinado naturalista y sacerdote francés Armand David, quien lo describió en 1865 para la ciencia occidental.

Alguna vez estos ciervos fueron abundantes en las llanuras de Chihli al noreste y este-centro de China, pero el padre David no los descubrió allí. De hecho, llegó 3 mil años tarde. Su desaparición en su hábitat natural sucedió a raíz del drenado de los pantanos durante la dinastía Shang (1776-1122 a.C.), lo que provocó que estos venados dejaran de existir en la zona. Pero persistieron en algunos parques de caza reservados a la nobleza. Así, el padre David se arriesgaba espiándolos desde lo alto de un muro de un parque de cacería fuertemente custodiado a las afueras de Pekín.

El naturalista francés no tuvo problemas en darse cuenta que era otra especie de venado, ya que poseen unos cuernos posteriores bifurcados únicos, colas largas y pezuñas anchas ideales para su hábitat fangoso original. El milú estaba ampliamente distribuido en Corea, Japón y China en el Pleistoceno tardío (hace aproximadamente 10 mil años). La manada que el padre David observó en el parque fue desvaneciéndose gradualmente a inicios del siglo XX debido a una inundación, a la hambruna de los campesinos, y a las tropas extranjeras que combatieron en el "Levantamiento de los bóxers". La especie se salvó de la extinción gracias a los esfuerzos del duque de Bedford quien inició, con unos cuantos individuos obtenidos ilegalmente, una manada en cautiverio que protegió durante las dos guerras mundiales. Algunos individuos de la manada del duque fueron trasladados a distintos programas de cautiverio en varias partes del mundo. Algunos ciervos del padre David ya han sido reintroducidos exitosamente en China en lugares como el Parque Nanhaizi Milu, en Pekín, y en la Reserva Natural Dafeng Milu, al este. Actualmente la población de estos animales consiste en cerca de mil individuos.

El antílope de la estepa

Las estepas de Asia central en Rusia, Kazajistán y Mongolia albergaban hace tiempo grandes manadas de saigas, magníficos antílopes cuya historia evolutiva estaba estrechamente ligada a la de ese paisaje. Millones de saigas, especie nómada que solía ser uno de los herbívoros grandes más numerosos de la Tierra, habitaban las zonas semiáridas donde tenían que luchar contra los fríos inviernos y los extremosos veranos. Este antílope tiene una nariz peculiar, pues le permite filtrar arena durante los cálidos y secos veranos.

La de los saigas es una clásica historia de brutalidad humana. Sus poblaciones se desplomaron hasta contar con menos de 30 mil individuos durante la década de 1950 debido a la cacería por su carne, cuernos y pieles. El gobierno ruso lanzó un gran programa de conservación que fue muy exitoso, ya que al llegar la década de 1990 la población había aumentado a más de 1 millón 200 mil animales. Desafortunadamente, la caída de la Unión Soviética trajo consigo el colapso de los esfuerzos de conservación y el declive precipitado de estas poblaciones. Para el año 2000 sobrevivían 178 mil saigas, ahora solamente 50 mil y su número sigue disminuyendo principalmente por la caza furtiva y las enfermedades; en el año 2010 más de 12 mil saigas murieron en una semana a causa de un brote de pasteurelosis, una enfermedad bacteriana que afecta a los bovinos.

Hornaday del Instituto Smithsoniano

Cuando los primeros españoles llegaron a América, el bisonte americano era uno de los mamíferos grandes más abundantes de la Tierra. Se estima que en las vastas planicies y bosques desde Alaska y Canadá hasta el norte de México vagaban entre 30 y 60 millones de bisontes. Para la década de 1880 se encontraban al borde de la extinción y habrían desaparecido si

En el Parque Nacional Yellowstone el bisonte americano encontró su salvación. En la actualidad se estima que existen 4 mil individuos dentro del parque. El Valle Lamar, ubicado al norte, concentra a la mayoría de los bisontes, brindando un espectáculo maravilloso a los turistas.

no fuera por la intervención de un hombre llamado William T. Hornaday, miembro del entonces recién creado Instituto Smithsoniano. En 1889 Hornaday, recordando a los abundantes bisontes, escribió: "Eran tan numerosos que paraban a los barcos en los ríos, abrumaban a los viajeros en las planicies y en años posteriores descarrilaban trenes y automóviles".

En aquel entonces, una sola manada que habitaba el valle del río Arkansas estaba formada por cuatro millones de individuos. Este tipo de abundancia, casi increíble, era común a principios del siglo XIX. Sin lugar a dudas, al leer que ésta solía ser la cantidad de animales que vivían allí, es casi imposible creer que solamente ochenta años después se encuentren en peligro de extinción. La matanza fue brutal; fueron cazados incansablemente para obtener su cuero y su carne. La Compañía Peletera Norteamericana, líder en esos tiempos, vendió 67 mil pieles en 1840, 110 mil en 1843 y más de 250 mil los siguientes dos años. Después, la oferta empezó a disminuir y al llegar 1860 pocas pieles se comercializaron.

Se dice que "Buffalo Bill" Cody asesinó a cuatro mil bisontes ¡en un solo año! Para 1870 las grandes manadas de este animal ya eran historia. Hornaday constantemente señaló que existía la posibilidad de que los bisontes se extinguieran si no se les protegía. Una de las últimas grandes manadas encontró refugio en Texas y en 1871 se estimaba que consistía en unos tres millones de individuos. Pero esta manada "del sur" fue exterminada por razones políticas; los generales William T. Sherman y Philip Sheridan del ejército estadunidense veían la exterminación de los bisontes como una estrategia clave en la guerra contra los indios nativos de las Grandes Planicies. Según el historiador David Smits, el general Sherman le escribió a su amigo Sheridan en 1868: "mientras los bisontes se encuentren en las planicies, los indios irán ahí. Pienso que sería inteligente… [realizar] una

Gran Cacería de Bisontes y exterminar a todos de una vez".

Cuando algunos miembros del congreso de Estados Unidos estaban considerando proteger a las manadas del sur, Sheridan los convenció de que exterminar a los bisontes sería la única manera de controlar a los indios. Entre 1872 y 1874 medio millón de pieles fueron transportadas al este por la vía férrea de Santa Fe. Durante los meses de diciembre y enero del invierno de 1877 y 1878 asesinaron a más de 100 mil bisontes y cinco años después sólo persistían grupos dispersos. La gran manada sureña desapareció.

La "historia de las lenguas" ilustra el espíritu de Norteamérica en el siglo XIX. Los bisontes eran tan abundantes que muchas veces los cazadores tomaban solamente sus lenguas, consideradas una exquisitez y dejaban los cadáveres enteros. Smits narró uno de sus viajes de la siguiente forma: "En tres días regresaron con un camión lleno de lenguas de bisonte. Matar a 144 bisontes que llegan a pesar casi una tonelada solamente por su lengua que pesa poco menos de un kilo estaba totalmente justificado para los hombres que pensaban que esas manadas eran prescindibles".

La extinción de los bisontes se evitó gracias a las advertencias de Hornaday y otros personajes. A finales del siglo XIX solamente existían 325 bisontes en Estados Unidos. Hoy existen cerca de 4 mil en el Parque Nacional Yellowstone; todos son descendientes de 25 bisontes que fueron protegidos desde que el parque fue creado en 1872. El Parque Yellowstone, una de las maravillas del mundo, alberga una diversidad impresionante de grandes mamíferos como bisontes, alces y berrendos, los cuales pueden observarse con facilidad en el Valle de Lamar en escenas que nos recuerdan siglos pasados.

Medio millón de bisontes sobreviven actualmente en todo Norteamérica, la mayoría en cautiverio en ranchos privados de Canadá, Estados Unidos y México. En comparación, sólo existen 20 mil bisontes en manadas silvestres para conservación (por ejemplo, no para venta comercial) en parques, reservas y ranchos privados poseen 20 mil individuos aproximadamente; sin embargo, la mayoría vive en áreas pequeñas, aunque algunas habitan en grandes extensiones de tierra en lugares remotos.

Las escenas de las grandes manadas que vemos hoy en África no son tan diferentes de lo que era antes América. Hemos perdido nuestra maravilla natural: millones de bisontes migrando, quedándonos con las sombras de ese espectáculo que alguna vez impresionó a muchos. Las lecciones aprendidas con el bisonte americano quizá aviven el deseo de la humanidad de proteger y conservar a las grandes manadas que persisten en otros lugares del mundo. Esperemos que el espíritu de Hornaday resurja para salvar a las manadas de mamíferos silvestres que aún vagan sobre la Tierra.

El oso polar, símbolo del Ártico, es un carnívoro de gran tamaño que está emparentado con el oso pardo. Se encuentra amenazado por los gases de efecto invernadero, sobre todo el dióxido de carbono, que son liberados a la atmósfera por la quema de combustibles fósiles asociada a actividades industriales y urbanas. La acumulación de estos gases calienta al planeta, lo que acarrea el derretimiento del hielo que es vital para su supervivencia.

8. ¿POR QUÉ TODO IMPORTA?

Cuando Rachel Carson lanzó su movimiento ambiental en 1962 con su certero y hermosamente escrito libro *Silent Spring* (*Primavera silenciosa*), ella escribió acerca de los pesticidas: "Esos polvos, aerosoles y riegos son suministrados universalmente en granjas, jardines, bosques y hogares; productos químicos que tienen el poder de matar indistintamente lo "bueno" y lo "malo", apagar el canto de los pájaros e inmovilizar a los peces de los ríos".

El libro de Carson inspiró al público e impulsó que los políticos actuaran. Algunos pesticidas peligrosos como el DDT (dicloro difenil tricloroetano) fueron gradualmente prohibidos en algunos países, y el uso de otros fue controlado. Como resultado, algunas poblaciones de las aves más icónicas de Norteamérica que estaban desapareciendo, como el águila calva y el halcón peregrino, se fueron recuperando. Pero prohibir el DDT no hizo que este tóxico elemento desapareciera por completo, pues se han encontrado trazas en distintos ambientes y organismos (incluyendo personas) alrededor del mundo, por lo que persiste hasta la actualidad en torno a nosotros. En St. Louis, Michigan, el suelo y el agua subterránea están contaminados, por lo que el veneno sigue matando aves aun cuando la planta de la Corporación Velsicol, que fabricaba el pesticida, cerró desde 1963.

Los peligros a los que se enfrenta la naturaleza no han sido eliminados con leyes ambientales; los impactos antropogénicos han resultado ser mucho más complejos y su alcance es mucho mayor de lo que pensábamos. Las medidas que Carson inspiró han sido contrarrestadas por otros factores en décadas recientes. El festejo de los años setenta fue prematuro, pues la tendencia para las poblaciones de muchas aves y de la mayoría de las especies silvestres en Norteamérica y el resto del mundo sigue siendo su rápida desaparición.

Esta disminución tiene numerosas repercusiones para la humanidad. Todos los animales, incluidos las aves y los mamíferos de todos los ecosistemas naturales, están estrechamente involucrados en los procesos e interacciones con otros organismos. Por ejemplo, los animales terrestres polinizan flores, dispersan semillas, transmiten organismos que causan enfermedades y consumen las raíces, tallos, flores, semillas y follaje de su entorno. Muchos son depredadores de otros animales, incluidos aquellos que atacan nuestros cultivos. La mayoría de las interacciones con humanos son positivas.

La consecuencia más seria de la disminución y desaparición de las especies animales, además de la tragedia ética de reducir el inventario de la vida en la Tierra, es la pérdida de los servicios ambientales que provee la naturaleza, la cual tiene implicaciones económicas, sociales y políticas importantes para la humanidad. Esos servicios son los beneficios que obtenemos gratuitamente a partir de la adecuada estructura y correcto funcionamiento de los ecosistemas, los cuales son esenciales para mantener la vida en este planeta. Las poblaciones de especies silvestres y sus actividades son vitales para mantener el sistema global del cual la humanidad depende por completo. Los servicios ambientales incluyen a la composición correcta de los gases de la atmosfera para que haya vida en la Tierra, la calidad y cantidad de agua potable, la fertilización de los suelos, y la polinización entre muchos otros.

Las plantas y sus polinizadores

Numerosas plantas y animales tienen relaciones mutuamente benéficas. Las plantas proveen de alimento a los animales y muchos animales dispersan las semillas de las plantas, lo que los relaciona íntimamente en sus respectivos ciclos de vida. La polinización es el proceso por el cual el polen es transportado de los órganos masculinos (los pistilos) de una flor al órgano femenino (el estigma) de otra flor, usualmente sobre una planta distinta de la misma especie, lo que permite la fecundación de los óvulos dentro de la flor y con ello la formación de frutos y semillas. Todos hemos escuchado el zumbido de las abejas europeas en busca de néctar y polen en las flores de un jardín. Las abejas se cubren con polen mientras visitan las flores en búsqueda de néctar y al trasladarse de flor en flor transfieren los granos de una a otra. El néctar es un "premio" que las plantas han desarrollado para atraer a los animales polinizadores.

El número de plantas polinizadas por animales es impresionante y los servicios que proveen los polinizadores tienen efectos directos y gigantescos en la economía humana. Por lo menos 87 de los principales cultivos globales dependen de ser polinizados por animales, incluidos insectos, aves y mamíferos. Más de 70 por ciento de los vegetales y frutas de nuestra dieta como las manzanas, peras, mangos, plátanos, guayabas, calabacitas, almendras, cacao, maracuyá, entre muchas más, son polinizadas por animales.

El proceso de polinización es fascinante: existe una extraordinaria especialización entre las plantas y los animales a causa de esta relación interdependiente. Además de las abejas y otros insectos, hay numerosas especies de murciélagos y aves que polinizan una gran diversidad de plantas, especialmente en los trópicos. Algunas plantas como el árbol balsa producen tanto néctar que atraen a muchos animales, entre ellos mamíferos como los monos capuchinos. Otro ejemplo son los murciélagos que polinizan las plantas de agave con las que se producen el tequila y otros destilados. Las flores que polinizan los murciélagos abren generalmente de noche y son relativamente grandes, con aberturas anchas, coloración

clara, grandes pétalos y producen una fuerte fragancia que suele ser descrita como un olor almizclero o fermentado. Los murciélagos nectarívoros poseen varias especializaciones relacionadas con su hábito alimenticio, como narices y lenguas largas y la habilidad de planear cuando se acercan a las flores.

En las noches frescas de febrero, miles de murciélagos sureños de nariz larga visitan las flores de los árboles de cazahuate en las selvas secas del oeste mexicano. Los murciélagos se acercan revoloteando, insertan su cabeza en la flor y lamen el dulce néctar. En el proceso, sus cabezas se cubren del polen que después fecundará a otras flores. Estos murciélagos migran cada año desde las calurosas selvas secas del occidente de México hasta el sur de Arizona, siguiendo el ritmo de la floración y formando grandes colonias de maternidad en algunas cuevas en el norte de México y Arizona. Ahí, miles de murciélagos sureños de nariz larga dan a luz simultáneamente durante dos o tres semanas. Una vez que las crías son capaces de volar, regresan a México para polinizar nuevamente los cazahuates.

Las aves desempeñan un papel aún más importante como polinizadores, ya que muchas más plantas dependen de ellos. En Australia 250 especies de plantas dependen de cien especies de aves. En Norteamérica los colibríes, cuyo aleteo es el más rápido en la naturaleza (hasta 20 aleteos por segundo), están especializados en alimentarse de néctar y polen y, por ello, muchas especies de plantas son polinizadas mientras los colibríes se alimentan. Hawái es famoso por sus aves nectarívoras, aunque muchas especies ya se extinguieron o están en peligro de extinción. La mayoría de las aves nectarívoras poseen picos largos y lenguas especializadas para extraer el néctar que se encuentra al fondo de las largas flores tubulares que visitan. Entre estas aves están los colibríes del hemisferio occidental, los suimangas de Eurasia tropical y

Un murciélago magueyero menor mexicano realiza un servicio de polinización. Las flores que polinizan los murciélagos suelen ser grandes, vistosas, olorosas y, curiosamente, ¡abren de noche!

Australia, y los mieleros de Australia y las islas del Pacífico.

Muchas plantas dependen de pocas o una sola especie de polinizador o dispersor de semillas, y, al mismo tiempo, muchos animales dependen de una sola especie de planta para alimentarse. Los colibríes y otras aves especializadas, al igual que las plantas que dependen de ellos, pueden ser especialmente vulnerables a la extinción debido a la interdependencia tan estrecha que presentan. Estas especies están en cierto modo "atrapadas" en estas relaciones, por lo que el destino de una depende del destino de la otra. Si estas relaciones se rompen, lo cual ocurre a menudo debido a la destrucción del hábitat para la agricultura, ganadería y otras actividades humanas, todo el ecosistema local podría colapsar y perder muchos atributos que son importantes para la humanidad.

¿Recuerdas a la serpiente arborícola marrón que fue introducida a Guam y causó la pérdida de muchas aves y algunas especies de murciélagos? Entre las especies que se extinguieron se encontraban importantes polinizadores y dispersores de semillas cuya desaparición tuvo repercusiones para el ecosistema. El número de aves que polinizaban disminuyó tanto que un estudio mostró que ninguna ave visitó dos especies de plantas (mangle negro y árbol del coral) entre febrero y mayo del año 2005. Estas dos plantas dependen completamente de las aves para la polinización y fueron incapaces de reproducirse en su ausencia. La dispersión de semillas también se vio amenazada por la pérdida de las aves y murciélagos que realizaban esa función. De hecho, en Guam se observan pocas plántulas de los arboles dispersados por las aves en comparación con la isla cercana de Saipan, libre de la serpiente marrón y con poblaciones sanas de aves frugívoras.

En las islas hawaianas por lo menos sesenta especies de aves, incluyendo al akohekohe y al iiwi, han desaparecido o sus poblaciones han caído drásticamente. ¿Cuál fue el efecto en cascada? Se sospecha que la pérdida de estos polinizadores aviares ha causado la desaparición de más de treinta especies nativas de campanillas. En Nueva Zelanda la pérdida del mielero maorí ha causado la reducción de la densidad, producción de semilla y polinización de varios arbustos. La producción de semillas se ha reducido en 84 por ciento por planta y el número de plántulas ha caído 55 por ciento en la ausencia de estas aves.

Los servicios que proveen los mamíferos, aves, abejas y demás polinizadores en cuanto a la producción de cultivos de interés económico se valoran en miles de millones de dólares anuales, por lo que son fundamentales para mantener y elevar la productividad de cultivos como el café, los duraznos y las manzanas. Desafortunadamente no se han realizado estimaciones de la pérdida económica en ecosistemas naturales a nivel global.

Dispersando las semillas

La dispersión de semillas por parte de animales, al igual que la polinización, es un proceso ecológico clave. Las plantas dependen del viento, el agua y los animales para esparcir sus semillas, es decir, transportarlas a hábitats adecuados, cercanos o lejanos, donde puedan germinar exitosamente. Los animales son los principales transportadores en muchos sitios. Aproximadamente 90 por ciento de las especies de árboles tropicales dependen de mamíferos y aves para dispersar sus semillas, lo cual es evidente en los grandes frutos que producen para atraerlos y alimentarlos. En algunos ecosistemas como las selvas tropicales de África las aves frugívoras (que se alimentan de frutas) son los más importantes dispersores porque esparcen aún más semillas que otros frugívoros como los primates.

La pérdida de aves como el akohekohe *(arriba)* y el iiwi *(abajo)*, endémicos del archipiélago de Hawái, tiene grandes impactos en el ecosistema, ya que son los encargados de polinizar a muchas especies endémicas de plantas. El akohekohe se restringe actualmente a la isla de Maui y se encuentra en peligro de extinción. El iiwi todavía es, afortunadamente, abundante en este archipiélago.

El cálao cariblanco es muy común en Asia y, por ahora, se encuentra seguro a diferencia de otros cálaos asiáticos cuyas poblaciones están disminuyendo. Incluso así, el cálao cariblanco ha sido completamente erradicado del sur de China; en algunas áreas se le captura para el mercado de mascotas y su casco (estructura sobre el pico) se utiliza para elaborar souvenirs.

Monos, simios y hasta elefantes desempeñan un papel significativo en la dispersión de semillas. La larga historia coevolutiva de las plantas y sus dispersores ha producido maravillosas especializaciones que fortalecen estas relaciones. Si las aves y mamíferos son diurnos, los frutos son de colores brillantes; en cambio, las semillas de los frutos dispersados por murciélagos nocturnos son grandes y con fuertes fragancias. En algunos casos las semillas sólo pueden germinar si han pasado por el tracto digestivo de sus dispersores. En este proceso las semillas pierden su cubierta exterior, llamada testa, y la germinación puede ocurrir cuando la semilla es defecada. El adelgazamiento de la capa exterior de la semilla es esencial para que pueda absorber agua del entorno e iniciar el proceso de germinación.

La reducción en los números de aves y mamíferos frugívoros afecta la dispersión de semillas y puede provocar la disminución en las poblaciones de plantas y tener un impacto negativo en la regeneración de los bosques y en la función del ecosistema en general. Algunas aves frugívoras como los cálaos o las palomas son cazadas en muchos países como en Filipinas e Indonesia. Mientras Navjot Sodhi visitaba un parque nacional en Indonesia fue testigo de cómo los cazadores mataban con cerbatanas a las aves que visitaban grandes árboles para alimentarse de sus frutos. Mientras visitaba los bosques primarios de Singapur, en la Reserva Natural Bukit Timah, Sodhi encontró muchos frutos en el suelo y plántulas bajo los árboles grandes que les tapaban la luz, lo cual imposibilitaba su crecimiento. Este era un indicio de que sus dispersores aviares habían desaparecido de ese majestuoso bosque. Estas especies de árboles probablemente desaparecerán de la reserva, ya que su reproducción ha sido alterada.

Estas interacciones ecológicas están en constante riesgo a causa de la fragmentación global de las selvas tropicales y algunas, sin duda, ya se han perdido por completo. En las selvas tropicales del Nuevo Mundo los tucanes y pavones son importantes dispersores de semillas, pero sus poblaciones están disminuyendo a causa de la caza. Los impactos de esta pérdida pueden ser de gran alcance. Debido a la desaparición de aves dispersoras de semillas, un tercio de las especies de árboles del Bosque Atlántico (Mata Atlántica) de Brasil podría extinguirse en el futuro. De manera muy interesante, algunas de estas especies están evolucionando en respuesta a esta situación; un ejemplo es el de una palma que producía semillas grandes, dispersadas por aves de gran tamaño con la capacidad de abrir sus picos ampliamente. A medida que las poblaciones de tucanes y cotingas disminuían, la abundancia de palmas con semillas más pequeñas empezó a aumentar, pues eran las que sí podían dispersarse más fácilmente. Sin embargo, estas semillas tienen una menor probabilidad de germinar exitosamente y pueden ser más susceptibles a la extinción. En general, la pérdida de aves de gran tamaño en las selvas tropicales tendrá efectos dramáticos y perjudiciales en las comunidades de árboles que las integran.

Muchos mamíferos también son importantes dispersores y tienen estrechas relaciones con las plantas cuyas semillas dispersan. Por ejemplo, los gibones, el muntíaco de Reeves y el sambar, únicos dispersores de un árbol conocido como *lapsi*, han sido cazados incansablemente en Tailandia. Se ha observado que en los parques donde esta cacería es intensa la dispersión de semillas es menor y que también el número de plántulas de árboles es más bajo. Los mamíferos frugívoros en estos parques son clave para la persistencia de estas especies de árboles, ya que dispersan las semillas lejos del árbol parental, usualmente en un lugar donde la luz penetra, lo que aumenta la probabilidad de germinación y supervivencia de las plántulas. Esta especie de árbol podría extinguirse si los mamíferos son completamente erradicados de esos bosques.

De hecho, muchos bosques están parcialmente vacíos de aves y mamíferos frugívoros. Aparentemente, aun cuando estos ecosistemas tengan una población reducida de frugívoros, parecen ser todavía viables y funcionar en un sentido amplio, pero hay que darse cuenta que sólo una parte de los árboles reciben visitas, lo que deja sin dispersores a las plantas menos favorecidas. Por ello, una reducción de las poblaciones de mamíferos y aves frugívoras, aunque sea parcial, podría tener un impacto negativo y significativo en la composición de los bosques y, en general, en el número de especies de plantas que dependen de ellos.

Las especies frugívoras también representan un papel importante en las zonas rurales, en aquellos paisajes que están dominados por los humanos pero donde la fragmentación de los bosques puede aumentar o reducirse con el tiempo según las actividades productivas de las comunidades humanas. De hecho, generalmente no se sabe si en esos paisajes (campos de cultivo, áreas urbanas y metropolitanas) existen suficientes aves frugívoras para dispersar adecuadamente las semillas de los frutos de los árboles nativos.

Los murciélagos frugívoros también son esenciales para mantener las comunidades de plantas tropicales y subtropicales del Viejo Mundo, pero las poblaciones de estos mamíferos han disminuido dramáticamente debido a la pérdida del hábitat y la cacería. En Ghana, al oeste de África, 140 mil murciélagos frugívoros son cazados cada año para alimentar a la población. En las islas tropicales del Pacífico varias especies de murciélagos, como el zorro volador de Guam y el zorro volador de Palau, han desaparecido por la cacería y la pérdida de su hábitat. La disminución de las poblaciones de estos mamíferos, también importantes como alimento para los humanos, podría limitar seriamente la dispersión de semillas grandes a larga distancia en el continente asiático. La recuperación de los bosques en áreas degradadas estará limitada si no existen poblaciones sanas de estos murciélagos, ya que son capaces de llegar a este tipo de sitios que otras especies. Debido a que en los bosques y selvas de Asia se conocen pocas especies de plantas que sean dispersadas exclusivamente por murciélagos frugívoros, los efectos de esta reducción podrían ser mínimos a nivel de toda la vegetación, pero los impactos económicos sí pueden ser considerables si tomamos en cuenta que más de 450 productos, incluyendo frutas, madera, medicinas, taninos y pigmentos, se producen a partir de ese relativamente pequeño grupo de plantas cuyas flores son polinizadas y cuyas semillas son dispersadas por estos animales.

La disminución de murciélagos frugívoros y la pérdida de sus servicios ambientales disminuirán el bienestar humano y las aspiraciones de desarrollo económico de muchas áreas. Además, se sabe que su pérdida pone en riesgo la salud y los negocios. Por ejemplo, los catastróficos incendios que asolaron Indonesia en 1997 y 1998 quemaron más de 5 millones de hectáreas, lo que afectó a muchas poblaciones silvestres. Los incendios fueron el resultado de malas prácticas de preparación de suelo para la agricultura bajo el sistema de "tala y quema" de sus bosques, combinadas con sequías causadas por un evento severo de El Niño en esos años. El humo y la niebla producto de los incendios cubrieron el sureste asiático por varias semanas y causaron pérdidas de hasta 4 mil millones de dólares en la economía local, principalmente por la disminución del turismo. Asimismo, se estima que en las áreas más afectadas la cantidad de humo que la gente respiraba era similar a fumar ¡cuatro cajetillas de cigarros al día! Durante ese tiempo, Navjot Sodhi se encontraba muestreando aves en Borneo y sufrió de irritación ocular, dificultad para respirar y dolores de cabeza. El daño a la salud de toda la población fue grave, especialmente entre los grupos más vulnerables como los que viven en pobreza extrema y las personas mayores. Más de 200 mil personas fueron hospitalizadas y muchas más seguramente sufrirán los efectos a largo plazo.

Enfermedades

Los daños indirectos a poblaciones humanas relacionados con la pérdida de biodiversidad se observan también con la expansión del virus Nipah en el sureste asiático, asociada a los incendios de la región. Después de los incendios, los murciélagos de Malasia se vieron en la necesidad de buscar alimento en los árboles frutales que crecían cerca de las granjas porcinas. Al parecer, los murciélagos transfirieron este

Los murciélagos frugívoros, como el murciélago frugívoro de Jamaica, desempeñan un papel clave en la ecología de los bosques, pues dispersan las semillas de los árboles.

virus a los cerdos que, posteriormente, lo transfirieron a los humanos. Como consecuencia de esta infección 105 personas murieron y más de un millón de cerdos tuvieron que ser sacrificados. Esta triste historia muestra que la destrucción de la naturaleza por parte del humano también puede herirnos y matarnos.

El ejemplo más reciente es el del COVID-19, cuyo origen es el tráfico ilegal de especies y la destrucción de la naturaleza. Hoy el silencio de la noche es roto por el ladrido lejano de un perro. Todo es silencio, tranquilidad, cotidianeidad. Hemos estado recluidos en casa desde hace más de un año. Las absurdas teorías de la conspiración que aducen que el COVID-19 fue creado en un laboratorio, y que su origen no es el tráfico y consumo de animales silvestres, tiene la intención de distraer a la opinión pública. Pretende causar confusión, para evitar la gigantesca responsabilidad relacionada con permitir el tráfico de fauna

silvestre. En realidad, esta pandemia es la historia de una muerte anunciada en numerosas ocasiones. El SARS, el MERS y otras enfermedades virales aparecieron en las décadas recientes, como preludio de esta pandemia. Ya se esperaba, pero nadie auguraba su magnitud y que ocurriera tan pronto.

El tráfico de animales silvestres implica la captura, transporte y almacenamiento de millones de ejemplares cada año. Estos animales son transportados y mantenidos en condiciones de confinamiento inhumanas e insalubres. Hacinados, muchas veces enfermos, generalmente están en contacto con animales domésticos y con personas, creando las condiciones ideales para que exista contagios de los animales domésticos a los animales silvestres y viceversa. Estudios del material genético del COVID-19 indican que está relacionado con un coronavirus de un murciélago o de un pangolín, aunque su origen aún no está bien definido. Los animales silvestres, al igual que el hombre o los animales domésticos, son los hospederos de cientos de miles de virus y bacterias. En el remoto caso de que haya escapado de un laboratorio, es porque murciélagos silvestres se han usado como animales de laboratorio para aislar coronavirus en la búsqueda de vacunas contra el coronavirus precisamente. Al final, es la misma historia: la explotación de las especies silvestres.

La causa de que los coronavirus y otros virus y bacterias hayan brincado de animales silvestres al humano en las últimas dos décadas se debe básicamente a la destrucción de los ambientes naturales y al tráfico y consumo de animales silvestres. El tráfico de la fauna silvestre es para satisfacer la insaciable y extravagante demanda de estas especies para el mercado asiático, en países como China, Vietnam e Indonesia.

El comercio y la destrucción de los ambientes naturales han causado la extinción de innumerables especies y amenazan la existencia de muchas más. Son también una de las causas fundamentales de que los coronavirus y otras enfermedades virales emergentes como el sida, ébola, hantavirus y la fiebre de Lassa hayan brincado de los animales silvestres al humano. La expansión de las actividades humanas en selvas conservadas y remotas y el trafico de especies expone a los humanos y animales domésticos a las enfermedades de animales silvestres.

En estos momentos nos preguntamos cómo llegamos a este escenario de horror, con el mundo abatido ahora por esta amenazante pandemia, fuera ya de control, cuando se sabía y se había alertado de este escenario en numerosas ocasiones. El comercio ilegal de vida silvestre es un negocio gigantesco. Es tan lucrativo como el tráfico de drogas, pero sin las implicaciones legales. El inmenso apetito de China y otras sociedades asiáticas por los animales exóticos ha promovido un crecimiento exponencial del comercio y sus ganancias.

Aunque los mercados asiáticos son casi los únicos lugares en el planeta donde la fauna exótica se consume como alimento y medicina en tales cantidades, el comercio para consumo también es muy alto en África y el de mascotas es enorme en los Estados Unidos y Europa. La magnitud del comercio de vida silvestre en China es asombrosa. Se estima que más de 100 millones de animales son vendidos anualmente, con un valor de 74 mil millones de dólares estadunidenses, y que involucran a 14 millones de personas. Miles de especies de vida silvestre o sus productos se comercializan anualmente. Se matan los elefantes por sus colmillos, los rinocerontes por sus cuernos, los pangolines por sus escamas, los ciervos almizcleros por su glándula de almizcle, los perros mapache por su piel, los monos por su carne y las serpientes por su veneno. De hecho, miles de otras especies son capturados y vendidos como alimento, por su piel, como ingredientes para la medicina tradicional o como mascotas. Desde cualquier punto de vista, representa una locura.

Especies clave

Las especies clave son aquellas cuyo impacto positivo en el ecosistema es mucho mayor al que se esperaría únicamente en función de su abundancia, por lo que su desaparición amplifica los efectos negativos de las actividades humanas. Su importancia se reconoció hace medio siglo a raíz de un clásico estudio en invertebrados marinos. Este estudio mostró que la presencia de estrellas de mar en las costas del estado de Washington tenía efectos desproporcionados en la estructura de la red trófica intermareal. Más recientemente, numerosos estudios científicos han demostrado que algunas especies, como los castores y los perritos de la pradera, son especies clave e ingenieros ecosistémicos, es decir, especies cuyas actividades

modifican las interacciones y la estructura física del ecosistema.

Los castores tienen el singular hábito de construir presas utilizando lodo, rocas y superestructuras de troncos y maleza en los arroyos donde viven. Las presas crean áreas inundadas donde los castores construyen madrigueras para refugiarse. Estas presas son comunes en los bosques de Canadá y Estados Unidos donde los castores se distribuyen de manera natural. Además de proveer refugio a los castores, estas presas son el hábitat de peces, salamandras, ranas, invertebrados y plantas, lo que aumenta la diversidad biológica del sitio. Cuando los castores desaparecen, el patrón general es que la abundancia de muchas especies disminuye drásticamente hasta que estas

Los colmillos del elefante africano valen una fortuna en el mercado negro chino. La desaparición de este elefante tiene consecuencias sorprendentes que eran difíciles de predecir. Por ejemplo, en las sabanas de Kenia, las enfermedades bacterianas que las pulgas transmiten a los humanos son más frecuentes en aquellas áreas donde los elefantes y otros herbívoros han desaparecido, ya que el número de roedores como los ratones es mayor.

especies se extinguen a nivel local. En algunas áreas estas presas son guarderías importantes de salmón, por lo que este pez se ha visto afectado por la erradicación de los castores. Muchas de las presas construidas por los castores tienen funciones importantes como el control de inundaciones, la descomposición de sustancias tóxicas, la creación de humedales y praderas inundables, y la remoción del exceso de nutrientes que de otra manera podrían causar la eutrofización de los cuerpos de agua. También contribuyen al buen funcionamiento de los ciclos geoquímicos, como el ciclo del nitrógeno.

Desde luego los humanos consideran que los castores son una plaga, ya que pueden provocar inundaciones en los caminos y campos agrícolas, lo que genera ciertas inconveniencias. En otro tiempo se encontraban al borde de la extinción a nivel global por la cacería intensiva para obtener sus pieles. No obstante, en la actualidad se consideran abundantes en su rango de distribución, con la ocasional amenaza de extinción local como en Estados Unidos y Canadá donde al año 40 mil individuos son extraídos legalmente para el comercio de pieles.

Lamentablemente otro ingeniero ecosistémico, el perrito de la pradera, no ha tenido tal renacimiento. El gobierno estadunidense aún subsidia la matanza de estos roedores, a pesar de la creciente literatura científica sobre el valor del perrito de la pradera como una especie clave para mantener la flora y la fauna nativa de los pastizales. De forma irónica, el mismo gobierno que gasta millones de dólares en la erradicación de los perritos de la pradera también está gastando millones tratando de recuperar y salvar a otras especies amenazadas y en peligro de extinción —como la zorrita del desierto, la aguililla real, los tecolotes y los chorlitos llaneros— que, al final, dependen del hábitat que es precisamente creado por esos perritos, pues éstos mantienen abierto y sano el pastizal y, con ello, permiten que persistan poblaciones sanas de la fauna nativa.

Acacias, hormigas y herbívoros

Un interesante caso del que se habló previamente es el de las consecuencias de perder a los grandes herbívoros. Hace unas décadas el renombrado biólogo Daniel Janzen mostró que muchas especies de hormigas y acacias tenían relaciones estrechas de cooperación (mutualistas). De hecho, es común observar a las hormigas trepando los árboles en los trópicos. Los árboles proveen un refugio y néctar rico en carbohidratos a las hormigas y, a cambio, las hormigas protegen al árbol de insectos y mamíferos herbívoros. Por ejemplo, el árbol conocido como "espina silbante" en África oriental produce grandes espinas huecas donde las hormigas establecen sus nidos y éstas atacan a cualquier animal herbívoro que intente comerse a su árbol protector, pero entonces ¿qué sucede cuando los herbívoros desaparecen?

En Kenia, el árbol espina silbante es habitado por cuatro especies de hormigas con distintas necesidades y que aportan diferentes beneficios al árbol. Las cuatro especies compiten por el uso exclusivo de un mismo árbol. La especie más común parece ser una clásica mutualista; utiliza la comida y el refugio provistos por el árbol y, a cambio, lo protege agresivamente contra los invasores, incluyendo elefantes (¡no les gusta que un enjambre de hormigas se meta en su nariz!). La segunda especie más común, en cambio, parece ser indiferente y hasta agresiva hacia el árbol; no lo utiliza como refugio y tampoco depende de su néctar porque busca alimento en otros lados. Este tipo de hormigas deja que los escarabajos longicornios hagan agujeros donde ellas se refugian, no lo defienden de sus invasores y en ocasiones también son infieles, porque abandonan a su árbol para ocupar otros cercanos. Las otras dos especies de hormigas reducen la probabilidad de invasión de otros tipos de hormigas cortando las ramas que conectan con otros árboles vecinos y destruyen las fuentes de néctar para que las otras especies no se puedan alimentar.

Un descubrimiento clave en estas complejas interacciones es que los grandes herbívoros actúan como estabilizadores de estos sistemas. Cuando los científicos retiraron a los mamíferos de mayor tamaño, la interacción mutualista hormiga-árbol empezó a deteriorarse. Después de diez años, las plantas presentaron una menor inversión de néctar y de espinas que proveen refugio para las hormigas. Esto debilitó a las colonias de hormigas, lo que las forzó a comportarse agresivamente y permitir la llegada de insectos chupadores de savia. Además, las especies mutualistas de hormigas perdieron árboles y las especies infieles que hacían sus nidos en las cavidades se volvieron dominantes. Esto resultó en un incremento de los escarabajos, lo cual aumentó la mortalidad de los árboles.

La pérdida de los grandes herbívoros tiene repercusiones negativas para las acacias y posiblemente para otras interacciones mutuamente benéficas. Éste es un ejemplo complicado y poco estudiado en su totalidad. Un mejor ejemplo sería el de la compleja relación entre los elefantes y los hábitats que crean para ungulados más pequeños, y cómo su desaparición puede cambiar completamente al ecosistema.

La eliminación de plagas más segura y sin costo

El control de insectos herbívoros por parte de las aves es de gran valor tanto en los bosques manejados como en aquellos que son naturales. En general, los bosques que carecen de aves insectívoras sufren mayores daños sustanciales por parte de los insectos herbívoros a nivel del dosel (esto es, el follaje más alto que constituye el "techo" del bosque) y en el sotobosque. Las aves insectívoras que habitan en el sotobosque (follaje que se encuentra debajo del dosel) disminuyen en número y diversidad a medida que los bosques tropicales son perturbados y fragmentados. Las consecuencias de la pérdida de estas aves son potencialmente significativas en la vida de otras especies y en la productividad de los bosques tropicales, por ello necesitan ser estudiadas con mayor detalle. Las aves insectívoras son el grupo más frágil frente a los cambios en su hábitat.

La disminución y extinción de poblaciones de aves insectívoras tiene implicaciones negativas para plantas silvestres y también cultivadas, incluidos los cultivos de importancia económica. Las plagas, que incluyen a los insectos herbívoros, consumen aproximadamente 25 a 50 por ciento de todos los cultivos producidos anualmente en todo el mundo. Se estima que estos insectos causan pérdidas significativas en los cultivos de algodón y entre 10 y 20 por ciento de otros cultivos importantes. Como consecuencia de estas pérdidas, cada año se gastan, tan sólo en Estados Unidos, 25 mil millones de dólares en pesticidas para intentar controlarlos. Estos insecticidas amenazan la salud humana y los ecosistemas naturales. Además, pierden su eficacia rápidamente, ya que las plagas evolucionan con resistencia hacia los insecticidas, como fue el caso del DDT. En realidad, los insecticidas suelen ser más dañinos que benéficos en el control de plagas, pues también eliminan a los insectos depredadores que normalmente mantienen limitado el tamaño de las poblaciones de insectos herbívoros, y es también por esto que terminan por convertirse en plaga.

La agricultura orgánica, en la que se sustituyen los pesticidas químicos por otras técnicas de control,

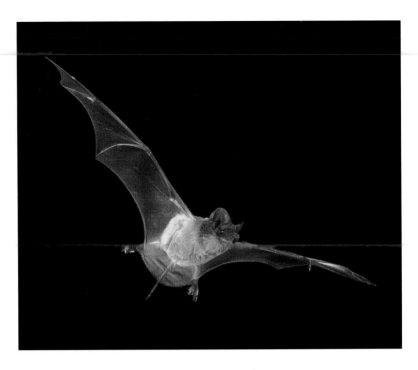

El murciélago guanero mexicano o murciélago cola de ratón es una especie insectívora que forma colonias de hasta 20 millones de individuos.

está creciendo gracias a un cambio de actitud entre los consumidores y a nuevos patrones de consumo. Este tipo de agricultura podría ayudar a que se vuelva más común el control de plagas por medio de aves, pero es difícil inferir la magnitud de su posible contribución. Por ejemplo, es posible que las aves insectívoras que visitan los cultivos adyacentes a los bosques tropicales ayuden a controlar las plagas que afectan a la agricultura, pero esta pregunta no ha sido suficientemente analizada. En consecuencia, se requieren más estudios que determinen si la presencia de estas aves en los cultivos puede actuar como indicador de la salud del ecosistema. Mientras los problemas globales de toxinas aumentan y el uso de pesticidas se restringe, sus servicios como controladores de plagas serán más apreciados en el futuro.

Algunos estudios revelan que las aves insectívoras desempeñan un papel importante en el control de las poblaciones de insectos en sistemas agroforestales (en los que se manejan árboles en asociación con la producción de ciertos cultivos). El café, por ejemplo, es un pequeño arbusto de importancia comercial que tradicionalmente crece bajo la sombra

de otras plantas, como los árboles. No obstante, los cultivos de café expuestos al sol están aumentando en los trópicos, en un esquema que busca producir más rápido y obtener más ganancias. Cuando los ecólogos simularon un brote de orugas en plantaciones de café en Chiapas, México, las aves rápidamente fueron al rescate y se alimentaron de ellas. Pero esta veloz respuesta ocurrió solamente en las plantaciones que tenían una diversidad florística alta y no en las plantaciones de café a cielo abierto. Esto se debió a que las plantaciones de café bajo sombra albergan una mayor diversidad y abundancia de aves, las cuales pueden controlar más eficientemente las plagas. Sin embargo, en otros estudios el consumo de insectos por parte de aves no mostró diferencias significativas entre los diferentes tipos de plantaciones de café. Por lo tanto, se requiere hacer más investigación para evaluar cómo el manejo de las plantaciones y la vegetación de las que forman parte afectan los servicios de control de plagas que muchas especies proveen, aunque queda claro que preservar la diversidad de aves es clave para mantener el control de plagas en sistemas agroforestales. Las aves reducen la abundancia de insectos, en especial en lugares donde la diversidad de aves es también alta.

Los murciélagos insectívoros también son importantes consumidores de insectos en las plantaciones cafetaleras. Los investigadores han descubierto que los murciélagos reducen las poblaciones de artrópodos (insectos, arañas, ácaros, etc.) hasta 84 por ciento en cafetales de sombra en México. Otros estudios indican que los murciélagos incluso eliminan las plagas de manera más eficiente que las aves, por lo que la disminución global de las poblaciones de murciélagos afectará este servicio ambiental de gran importancia, no sólo para los cafetaleros, sino para otros agricultores también.

La presencia de animales que depredan insectos significa un mayor ingreso económico para los cafetaleros, pues las aves consumen la plaga principal del café, un pequeño escarabajo conocido como broca del café. La broca se inserta en el grano de café y lo consume desde su interior. A nivel mundial, la broca puede ser responsable de pérdidas que superan los 500 millones de dólares. En Jamaica las aves consumen estos insectos, lo cual le ahorra a los cafetaleros hasta 310 dólares por hectárea en una sola plantación.

La broca del café es una importante plaga en los cafetales de Costa Rica. Se sabe que esta plaga llegó a ese país a inicios del siglo XXI, y resultados preliminares sugieren que las aves y los murciélagos ya consumían cantidades significativas de estos insectos tan sólo una década después. Pero en los sitios sin aves ni murciélagos, la infestación de la broca en los granos de café se duplicó, pasando de 5 a 10 por ciento. El efecto no fue exclusivo de las brocas, pues en general la abundancia de insectos aumentó. Todavía se desconoce qué aves tienen un mayor efecto sobre el control de plagas, pero este conocimiento es importante para que los cafetaleros sigan beneficiándose de este servicio que la naturaleza provee. Afortunadamente las nuevas tecnologías en biología molecular nos permiten saber lo que los animales comen.

Los cafetaleros no son los únicos que se benefician de este servicio ambiental. En los Países Bajos los carboneros comunes visitan con frecuencia los cultivos de manzanas y establecen sus nidos en las plantaciones, y su presencia ha generado un aumento significativo en la producción de estas frutas. Asimismo, en ocho condados de Texas, Estados Unidos, el consumo de insectos efectuado por murciélagos insectívoros en las plantaciones de algodón se valora en aproximadamente 750 mil dólares, y en todo el territorio de dicho país este servicio se estima en varios miles de millones anuales. Éste es un servicio gratuito de la naturaleza que se ve mermado por enfermedades como el síndrome de nariz blanca.

Otros sistemas productivos también se benefician de la presencia de aves y murciélagos. En décadas recientes, el cultivo de la palma de aceite se ha expandido en los trópicos amenazando seriamente la biodiversidad nativa, particularmente en el sureste asiático. El aceite de palma tiene distintos usos pues, además de ser un aditivo en la cocina, se utiliza para la elaboración de jabones, velas, cosméticos y también como combustible. El área destinada a este cultivo se ha triplicado desde 1961 y más de la mitad de estos cultivos han destruido los bosques primarios de Malasia e Indonesia y, en consecuencia, devastado a las poblaciones nativas de plantas y animales. La conversión de los bosques a campos de cultivo de palma, descritos como "desiertos biológicos", tiene como consecuencia la desaparición de la mayoría de las aves, mamíferos, mariposas y otros animales que evolucionaron en estas regiones. La expansión del monocultivo de palma en los trópicos condena a la biodiversidad de estos bosques nativos y genera un gran aumento en las emisiones de gases de efecto invernadero.

Ciertamente sería correcto referirnos a las palmas de aceite como "palmas de sangre" ya que la expansión de su cultivo y del sistema económico asociado a él ha afectado el bienestar de los campesinos de escasos recursos. En Indonesia, por ejemplo, el monocultivo de la palma de aceite ha acarreado serias violaciones de derechos humanos, incluyendo trabajo infantil, condiciones cuasi esclavizantes de trabajo, acaparamiento de tierras y deforestación. Aun en programas de gobierno, los campesinos locales son forzados a entregar diez hectáreas para el cultivo de esta planta y a cambio recibir las ganancias de solamente dos hectáreas. La expansión del cultivo se considera también una amenaza para el patrimonio cultural y la salud humana porque pone en riesgo la seguridad alimentaria local.

Este cultivo también sufre por las plagas, lo que reduce su rentabilidad y las ganancias de las compañías globales que lo impulsan. Para reducir estas pérdidas, se hace uso de insecticidas que dañan el ambiente y la salud humana. Se ha intentado cultivar en las plantaciones plantas benéficas que atraigan depredadores, pero estos ensayos han sido poco exitosos. En Borneo lograron reducir la pérdida foliar en 28 por ciento en aquellas plantaciones con presencia de aves. Las aves pueden mejorar la productividad de los frutos y el aceite que éstos contienen debido a la relación entre la defoliación y la producción de frutos. Para lograr esto de una manera sustentable, las compañías podrían mantener la vegetación del sotobosque y las epífitas (como los helechos) que viven bajo las palmas para atraer aves insectívoras. Además, preservar las selvas nativas cercanas podría ayudar a mantener la oferta de aves ("control de plagas natural"). Desgraciadamente los campesinos que se dedican a este cultivo no tienen estas ideas innovadoras en mente; la urgencia de resolver una situación económica precaria es difícil de combatir, sobre todo cuando se les promete que se trata de un cultivo "seguro" aunque muy mal pagado y con terribles consecuencias humanas y ambientales a largo plazo, y las múltiples aplicaciones que este aceite tiene en el sistema industrial y agroalimentario global están aumentando su demanda.

Buitres, rabia y un ritual antiguo

Un evento reciente en la India ilustra otra relación entre la pérdida de biodiversidad y el bienestar humano. Los buitres, que son carroñeros, han ofrecido un importante servicio de limpieza gratuito, en especial en países en desarrollo con condiciones de sanidad limitadas. Los buitres se alimentan de animales muertos y, al realizar esta actividad, ayudan al ciclo de los nutrientes y al mantenimiento de la riqueza de poblaciones de pequeños animales, plantas y hongos que fertilizan el suelo. Los buitres atraen a otros carroñeros y juntos evitan la expansión de enfermedades al deshacerse de los cadáveres de manera rápida. Estas aves carroñeras localizan los cadáveres por la vista, pero algunas especies de buitre lo hacen a través del olfato, por lo que se piensa poseen el mejor olfato de todas las aves. Los buitres deben tener un sistema inmune formidable puesto que se alimentan de animales que pudieron morir por envenenamiento o alguna enfermedad; el fuerte ácido de su sistema digestivo mata a los patógenos que se encuentran en los cadáveres. También suelen orinar directamente sobre sus patas sin plumas, donde la evaporación reduce el calor interno y se ha conjeturado que su orín elimina gérmenes que se hayan podido albergar en la piel durante su alimentación.

Desde el año 1990 se ha observado una disminución de 90 por ciento en las poblaciones de buitres de la India y colapsos similares han sido reportados en el resto de Asia y África. Al parecer, el uso veterinario del compuesto llamado diclofenaco como antiinflamatorio está detrás de esta disminución, al menos en Asia. En la India el ganado vacuno es considerado sagrado y, por ello, cuando los animales son viejos se les suele proporcionar este medicamento que les permite lidiar con dolores musculares y de articulaciones. Luego, al alimentarse de los cadáveres, los buitres ingieren esta droga que les causa falla renal y gota visceral (el almacenamiento de ácido úrico en órganos internos). Los ornitólogos han reportado que las poblaciones reproductivas del buitre de espalda blanca en el Parque Nacional Keoladeo también llamado Santuario de aves de Bharatpur en la India, desaparecieron a causa de los efectos de este medicamento. Para detener y revertir estas pérdidas, el gobierno indio prohibió el diclofenaco en 2006 y las farmacéuticas ya están promocionando un nuevo medicamento llamado "meloxicam", que se considera seguro para los buitres. Con esta medida esperamos que cualquier medicamento relacionado con animales que puedan llegar a ser consumidos por los buitres sea evaluado cuidadosamente antes de ser distribuido.

Además, parece que la disminución de los buitres causó un aumento desmedido de las poblaciones de ratas y perros ferales. De hecho, la India tiene una de las mayores tasas de mortalidad en humanos debido a la rabia. Ya que los perros ferales reemplazaron a los buitres como carroñeros, se ha observado un aumento en la incidencia de rabia en el país, por lo que la situación actual es preocupante. De hecho, se sospecha que un brote de peste bubónica en la India en 1994 se debió a un aumento en la población de ratas que estaban infectadas con la pulga que transmite esta enfermedad bacteriana. El país perdió 2 mil millones de dólares debido a la reducción del turismo y a la implementación de medidas de cuarentena y evacuación.

Los patógenos que causan la rabia o el moquillo canino también pueden ser transmitidos por ratas y perros ferales a otros hospederos potenciales silvestres como mangostas o coyotes, cuyas poblaciones podrían aumentar en las sabanas africanas debido al declive de los buitres. Se teme que los cadáveres de ganado puedan también transmitir enfermedades como el ántrax al ganado sano. Los carroñeros mamíferos que reemplazan a los buitres podrían esparcir estas enfermedades a la fauna silvestre, al ganado y a las poblaciones humanas.

La pérdida de los buitres tiene otras implicaciones sociales y económicas. Por siglos, los buitres han desempeñado un papel indispensable en las ceremonias fúnebres *parsi*. Los parsis se originaron en Irán como zoroastrianos y luego migraron a la India en el siglo X debido a su persecución por parte de los musulmanes. Se estima que la población global de parsis cuenta con cerca de 100 mil personas. Por un lado, los parsis creen que si queman un cuerpo deshonrarán al fuego y, por otro lado, si lo entierran, entonces contaminarán la tierra. Por ello usan las llamadas "Torres del Silencio" donde los cuerpos son expuestos al aire libre para que los buitres se alimenten de ellos.

La mayoría de los parsis en India se concentran en la ciudad de Mumbai (antes conocida como Bombay). Ahí los cuerpos eran llevados a una pequeña montaña a las afueras de la ciudad donde había varias Torres del Silencio. Este lugar solía estar aislado, pero con la expansión de la zona urbana, el lugar quedó rodeado de construcciones y casas habitación. Hasta los años noventa se podía observar a cientos de buitres perchados en las torres, los cuales se deshacían completamente de los cuerpos. La desaparición de los buitres en Mumbai está causando una crisis espiritual entre los parsis, ya que ahora se utilizan paneles solares para concentrar el calor y acelerar el

La Unión Internacional para la Conservación de la Naturaleza considera al jaguar como "casi amenazado" aunque sigue siendo relativamente abundante. Es el felino más grande del hemisferio occidental y lo poco que queda de su hábitat está severamente fragmentado. Es perseguido por ser percibido como una amenaza por los ganaderos y, además, la cacería ilegal está reduciendo las poblaciones de sus presas.

proceso de descomposición. Los parsis se encuentran divididos ante esta situación, porque algunos piensan que su ritual de "entierro al aire libre" es muy anticuado y que debería ser reemplazado por la cremación, mientras que otros proponen el establecimiento de aviarios de buitres sobre algunas de las torres.

En conclusión, el declive de los buitres también está afectando algunas actividades tradicionales. Los buitres limpian los cadáveres rápidamente y dejan sólo los huesos que son posteriormente colectados por coleccionistas o vendidos para la elaboración de fertilizantes, gelatina y pegamentos. Estas prácticas están volviéndose casi imposibles, lo que afecta a la ya empobrecida población que depende de estas industrias.

Defaunación

En las selvas tropicales de los Tuxtlas, al este de México, y en Guanacaste, Costa Rica, los biólogos notaron desde hace tres décadas que los árboles parentales estaban rodeados de plántulas, similar a lo que Navjot Sodhi observó en Singapur. Ellos también concluyeron que esta inusual escena estaba relacionada con la falta de dispersores. Las semillas debieron caer bajo su árbol parental y crearon alfombras de plantas jóvenes. La mayoría de estas plántulas murieron a causa de enfermedades fúngicas y a la falta de luz solar y nutrientes. Se han observado algunos casos similares en selvas tropicales de Asia y África, lo que nos indica que este fenómeno está cada vez más ampliamente distribuido.

A partir de estas observaciones se creó un nuevo concepto llamado "defaunación antropogénica" para medir los efectos de la pérdida de mamíferos y aves. Este término describe cómo varios de los bosques del mundo lucen maravillosos y con muchos árboles, pero han perdido a la mayoría de sus mamíferos y aves de tamaño mediano y grande. En estos bosques se han reducido y hasta perdido procesos ecológicos vitales como la polinización, la depredación y la dispersión de semillas. Tan sólo entra a un bosque vacío y te encontrarás con un silencio total; es extraño pasear por los senderos sin observar a un mono o a una ardilla, o escuchar los cantos de aves buscando pareja. ¿Dónde se encuentran estos bosques? En la cuenca del Amazonas, en Costa Rica, en el sur de México, en Queensland, Australia, en África ecuatorial y en el sureste asiático. En otras palabras: en todos los trópicos del mundo donde aún existen bosques.

Una evaluación reciente sobre la defaunación a nivel global proporciona un panorama de la tan desalentadora situación que viven las poblaciones y especies de vertebrados. Se estima que en los últimos cuarenta años se ha perdido 50 por ciento de todos los animales silvestres y en regiones como Sudamérica la pérdida puede ser de hasta ¡70 por ciento! La desaparición de los grandes mamíferos depredadores tiene efectos profundos en las comunidades nativas. En la década de los años setenta, en Venezuela, se construyó el gran embalse de Guri, a 97 kilómetros tierra adentro del delta del río Orinoco. La inundación que siguió creó varias islas de distintos tamaños, algunas sin grandes depredadores como los jaguares. Esta situación generó un experimento natural que proporcionó un vistazo crítico del rol de estos depredadores en el ecosistema, ya que hubo varias consecuencias de este aislamiento: algunas interesantes y otras lamentables, como fue la pérdida de depredadores y otras especies. La desaparición de los depredadores de gran tamaño causó un colapso ecológico, pues los herbívoros se multiplicaron rápidamente y provocaron una dramática disminución en la abundancia de semillas y plántulas. Con ello se presentó la extinción local de árboles importantes y plantas, y se observó la invasión de enredaderas y otras plantas que desplazaron a las nativas. También se documentó una conducta extraña en animales como los monos, que se volvieron caníbales a causa de las condiciones de hacinamiento. El hecho de perder a los depredadores creó una cascada de problemas ecológicos no anticipados, lo que mostró las consecuencias potenciales de la extinción de poblaciones de depredadores y otras especies en la mayoría de los ecosistemas naturales.

En las selvas tropicales la presencia de megacarnívoros, como el jaguar, mantiene controladas a las poblaciones de pequeños y medianos depredadores (o mesodepredadores). Los mesodepredadores aumentan significativamente en número si disminuyen los depredadores "tope", y este desequilibrio afecta a otros grupos de fauna, como las aves. Por ejemplo, la disminución de la abundancia del águila arpía en Centroamérica ha producido un aumento de las poblaciones de depredadores de nidos como el mono capuchino. En la isla de Barro Colorado en Panamá, la depredación de estos monos produjo la pérdida de muchos huevos y polluelos. La intensa depredación de los nidos puede causar el declive de la población de las aves en cuestión y hasta su extinción. Así, la desaparición de las grandes aves depredadoras, así como de los mamíferos, tiene implicaciones importantes para la biodiversidad.

El impacto ecológico y económico de la pérdida de incontables especies de animales es enorme, los impactos y los costos son a menudo inesperados y poco valorados. Y la defaunación definitivamente no está confinada a los trópicos. Los suburbios de San Diego, en California, son sitios de experimentos "naturales" que muestran el impacto de la pérdida de depredadores en las comunidades ecológicas. El desarrollo urbano ha destruido gran parte del hábitat nativo dominado por arbustos de salvia, fragmentándolo en áreas remanentes y creando un archipiélago de parches aislados. La expansión del área urbana ha diezmado las poblaciones de coyotes, el depredador tope de este sistema (por lo menos en el último siglo). Esto ha causado un aumento en las poblaciones de mesodepredadores comunes como zorrillos, mapaches, zorros, zarigüeyas y gatos. Como resultado, las poblaciones de aves que anidaban en los arbustos de salvia han sufrido una depredación intensa y sus poblaciones han disminuido, lo que ha beneficiado a los mosquitos y otros insectos. Este fenómeno inesperado se conoce como "liberación de mesodepredadores" pues, una vez que los grandes depredadores se pierden, las poblaciones de depredadores más pequeños crecen incontrolablemente, a menudo con consecuencias ambientales extremas.

En el este de Estados Unidos la pérdida de grandes depredadores y la estricta regulación en torno a la cacería han causado que las poblaciones de venado cola blanca se disparen hasta alcanzar 50 millones de animales, con densidades tan altas de hasta cincuenta venados por kilómetro cuadrado. La sobreabundancia de venados, la conversión de los bosques a campos de cultivo y ganaderos, y la fragmentación de los bosques remanentes han causado muchos problemas. Los venados han provocado la disminución de la abundancia de los arbustos y árboles del sotobosque, lo que ha causado la desaparición de las aves canoras comunes por la pérdida de sus sitios de anidación. Las garrapatas portadoras de la enfermedad de Lyme también se han multiplicado. Las consecuencias de esta situación incluyen una mayor tasa de enfermedades y hasta muertes humanas. Controlar la abundancia de los venados podría reducir estos impactos negativos, pero la proximidad de sus poblaciones a los asentamientos humanos imposibilita la reintroducción de depredadores como los lobos.

¿Qué sucede cuando un depredador tope es reintroducido a un ecosistema después de estar ausente por un tiempo? Por supuesto, la respuesta varía según el ecosistema, el depredador y su comportamiento. Debido a que la mayoría de los ecosistemas han sufrido pérdidas de especies en todos los niveles, pocas veces ha ocurrido una reintroducción de este tipo, pero un ejemplo dramático es lo que sucedió después de que los lobos fueran reintroducidos al Parque Nacional Yellowstone, en Wyoming, Estados Unidos.

Después de que el lobo gris fuera erradicado del parque hace más de sesenta años, varios individuos fueron reintroducidos en 1995 y 1996. Al llegar el año

2011 se calculaba que había unos cien lobos, y la creciente población ya se había expandido a otras áreas fuera del parque. En esos quince años la flora y la fauna sufrieron cambios significativos. La población de la presa principal del lobo, el elk, había sido reducida a la mitad y sus patrones alimenticios habían cambiado significativamente. Sin la presión herbívora de los elks y otros animales, muchas especies de plantas, entre ellas sauces y álamos, empezaron a recuperarse. El regreso de los sauces impulsó la recuperación de los castores, que son los encargados de mejorar los hábitats riparios al crear presas y estanques, y de regular las corrientes para el beneficio de peces y aves acuáticas, al igual que de anfibios y reptiles. El aumento del crecimiento arbóreo ha creado un nuevo hábitat para las aves canoras, las cuales han regresado al parque en grandes números. Las poblaciones de coyotes, sin embargo, han disminuido y, por ende, se ha reducido la presión ejercida sobre las poblaciones de pequeños mamíferos como conejos y ardillas terrestres, lo cual significa más alimento para los mesodepredadores como los zorros rojos, los cuervos y las águilas calvas. Esta cascada de efectos imprevistos por la reintroducción del lobo ha demostrado la

El lobo gris mexicano casi se extinguió en estado silvestre a finales de la década de los años setenta. Afortunadamente, los gobiernos mexicano y estadunidense trabajaron para capturar a los últimos individuos en México e iniciar un programa de reproducción en cautiverio. Tres décadas después, estos lobos fueron liberados en Arizona. En 2013 se reintrodujeron a territorio mexicano y un año después nació una camada silvestre, la primera en más de 35 años.

importancia de estos depredadores en los ecosistemas naturales complejos.

Extinciones locales y poblaciones "zombi"

Es muy probable que la extinción de especies, al igual que la extinción local de poblaciones, persista debido a la creciente población humana, la perturbación climática y la diseminación de sustancias tóxicas. Es probable que el sureste asiático pierda 40 por ciento de sus especies de aves para el año 2050 debido a la continua e intensa deforestación. Indonesia es el país con el mayor número de especies de aves residentes y endémicas y podría perder a la mayoría de ellas. A principios del milenio Sodhi observó la desaparición de los bosques primarios de las montañas Dieng, en el centro de Java. Los efectos de esta pérdida se sintieron en los poblados localizados en las faldas de la montaña: los campesinos no tenían madera para reparar sus casas y sufrían por la falta de turismo y, además, le temían a un leopardo negro que frecuentaba los campos de arroz en búsqueda de comida, seguramente porque no la podía encontrar en su hábitat original.

Incluso las terribles predicciones acerca de las extinciones mencionadas son optimistas, pues no consideran los efectos acumulativos de otros factores de cambio como los incendios, los cambios en los patrones de lluvias a consecuencia de las perturbaciones climáticas, la sobreexplotación de recursos y la invasión de especies exóticas. Las proyecciones que se desarrollen sobre el curso que tomarán las extinciones en áreas tropicales necesitan incorporar información de todos estos elementos.

Una dificultad para hacer predicciones sobre extinciones es la persistencia de las llamadas poblaciones "zombi", ya que puede pasar bastante tiempo antes de que una especie de mamíferos o aves desaparezca después de que una perturbación de su hábitat la condene a la extinción. Se considera, por ejemplo, que la mortalidad de aves adultas en los bosques tropicales es baja a causa de la gran estabilidad de este tipo de vegetación y es posible que por esta razón sus índices de natalidad también sean bajos. Se ha calculado que la tasa de mortalidad en aves adultas de varios sitios tropicales es de entre 10 y 30 por ciento cada año. Esta longevidad sugiere que algunos individuos de aves tropicales pueden sobrevivir por años, aun después de la pérdida total de su hábitat, siempre y cuando haya alimento adecuado para su supervivencia y que la pérdida del hábitat en sí no reduzca su esperanza de vida. Por ejemplo, la amenazada cotorra puertorriqueña tiene una expectativa de vida de 23 años en cautiverio, y a principios del siglo XX había cerca de 2 mil individuos viviendo en el Bosque Nacional del Caribe. No obstante, aun cuando fueron protegidas en su hábitat original, en los siguientes sesenta años su número bajó a tan sólo veinte cotorras. Esto indica que puede tomar décadas para que una especie ya condenada desaparezca por completo; mientras, permanece como un "muerto viviente".

El precio que pagamos

Hasta ahora debe ser claro que la disminución y la extinción de aves y mamíferos a nivel global afecta las interacciones que han evolucionado por millones de años en los ecosistemas y que en ocasiones ya han causado colapsos ecológicos. Las consecuencias no se restringen a los bosques tropicales, aunque son especialmente dramáticas ahí. Los beneficios que las aves y los mamíferos aportan a la agricultura se valoran en miles de millones de dólares anuales. Los cultivos de árboles (frutas y nueces) y las hortalizas requieren ayuda para su reproducción; hasta los principales granos y otros cultivos se benefician del control de plagas realizado por aves y otros animales. Aun así, estos preciados servicios son a menudo ignorados y olvidados en esta era de mecanización y de control de plagas basado en químicos.

Además de millones de años de evolución biológica tirados a la basura, la salud humana y las distintas culturas y economías han sufrido serias pérdidas. Pero los impactos acumulativos de las extinciones no se comprenden en su totalidad porque estas pérdidas son generalmente locales y pasan desapercibidas en otros lugares. Los fenómenos naturales sostienen y han enriquecido enormemente la vida en la Tierra; sin ellos la probabilidad de que nuestros descendientes disfruten estos mismos beneficios y placeres es mínima. Hemos presentado sólo algunos ejemplos de las repercusiones negativas de nuestras acciones en las aves y los mamíferos del mundo. Nuestro futuro será crudo sin los animales y las plantas que han desaparecido, llevándose con ellos sus fascinantes e intrincadas interacciones.

No solamente han desaparecido especies y poblaciones de la Tierra, sino también grandes fenómenos biológicos. La migración de ñus en el Serengueti al este de África es una de las dos grandes migraciones de mamíferos que aún existen; la otra es la del caribú canadiense. El complejo traslado de más de un millón y medio de individuos en búsqueda de pastos después de las lluvias está amenazado por el desarrollo carretero y la minería para la extracción de coltán, un mineral clave en la fabricación de dispositivos electrónicos. En esta imagen un grupo de 3 mil ñus saltan al río Mara en Tanzania, regalándonos esta preciosa y efímera imagen.

9. CAUSAS DE LA EXTINCIÓN

DESDE EL ESPACIO, LA TIERRA PARECE UN PLANETA sin perturbaciones, sólo esporádicamente alterado por un huracán, erupción volcánica u otro fenómeno natural de gran escala. Aun así, cuando es de noche, un astronauta puede observar claramente las áreas terrestres iluminadas como árbol de Navidad. Más de cerca, desde la altura de un pequeño avión, se pueden observar fácilmente las cicatrices de los miles de impactos que se derivan de las actividades humanas. Como el conservacionista Aldo Leopold lo describió alguna vez: "Nuestro planeta es un mundo de heridas".

Los gobiernos, las organizaciones no gubernamentales (ONG) y los ciudadanos están realizando esfuerzos para detener la pérdida de biodiversidad. Muchas reservas han sido creadas para proteger la flora y la fauna; se han decretado leyes y normas en un intento por limitar la explotación de las poblaciones de animales silvestres y se han establecido programas de reproducción en cautiverio para producir más individuos de especies en peligro crítico de extinción que luego serán reintroducidos en lo que queda de su hábitat natural. Algunos de esos programas han sido exitosos, como sucede con las poblaciones de fauna silvestre protegidas por las cuotas de los cazadores; los cóndores californianos liberados en el Gran Cañón; los leones asiáticos que aún sobreviven en los Bosques de Gir; y el mielero regente en peligro de extinción que logró reproducirse en Capertee, Queensland. Sin embargo, estos éxitos son limitados y seguramente temporales debido a la creciente población humana y el consumo desmesurado, que son los principales causantes del deterioro ambiental. Como consecuencia y a pesar de los esfuerzos para protegerlos, las poblaciones y la diversidad de especies de aves y mamíferos está desapareciendo. Consideremos entonces las principales acciones que debemos modificar para que todos estos esfuerzos valgan la pena.

El dilema humano

En este libro apenas hemos explorado la superficie de las distintas facetas de la destrucción que la sobrepoblación humana ha causado en partes importantes del sistema que soporta la vida de nuestro planeta. Algunos cálculos indican que incluso con miles de millones de personas viviendo en pobreza relativa, la mitad de otra Tierra sería necesaria para mantener a la población humana por tiempo indefinido. Para colmo, estos cálculos no consideran la continua erosión de la diversidad de poblaciones y especies no humanas; una diversidad que es fundamental para la salud y el bienestar de *Homo sapiens*.

En el último siglo los impactos de las actividades humanas se han extendido de la escala local y regional a una escala global. La huella humana es ahora visible en lugares remotos del planeta: desde las profundidades del océano hasta las montañas más altas; y desde la tundra helada hasta los bosques más impenetrables. Las actividades humanas son, sin duda alguna, la causa de la actual sexta extinción masiva. Pero ¿cómo llegamos a esto? Los problemas son complejos pero la respuesta es sencilla y conocida desde hace tiempo, aunque muchas veces ignorada: *somos demasiados humanos consumiendo demasiados recursos.* Los científicos ambientalistas resumen el problema con la siguiente fórmula:

$$I = PAT$$

donde el *impacto* (I) de los humanos en los sistemas que mantienen la vida en la Tierra (incluida la biodiversidad) es el producto del *tamaño poblacional* (P) multiplicado por el consumo promedio per cápita o *afluencia* (A), multiplicado por el factor de impacto ambiental relacionado con las tecnologías empleadas (T). Por ejemplo, las bicicletas son un medio de

transporte más amigable con el medio ambiente que los automóviles, y los coches compartidos son más amigables que transportarte solo; así que el I del ciclista es menor que el I de la persona que viaja sola en su automóvil diariamente.

A nivel global y de acuerdo con esta ecuación, la I está creciendo porque los otros tres factores están continuamente aumentando. El mundo natural, y sus habitantes, se desplazan a medida que la población humana se extiende. En pocas palabras, estamos acelerando la fragmentación y la pérdida del hábitat, sobreexplotando los recursos bióticos (organismos vivientes) y abióticos (elementos inertes), introduciendo especies destructivas a nuevos sitios, aumentando el aporte de químicos tóxicos de polo a polo

El oso hormiguero gigante, pariente de los perezosos, carece de dientes y se alimenta de hormigas y termitas por medio de su larga y pegajosa lengua. Aunque se encuentra ampliamente distribuido ya se ha extinto en varios países, entre ellos Costa Rica. Este animal se mueve lentamente, lo que lo vuelve vulnerable ante la cacería, los incendios antropogénicos, la depredación por perros, los accidentes en carreteras y la destrucción de su hábitat.

El tahr del Nilgiri, que está en peligro de extinción, habita las praderas altas del sur de la India. Estos animales, parecidos a las cabras, fueron cazados por deporte por los colonizadores europeos y actualmente están amenazados por la caza furtiva. Unos cuantos miles sobreviven en las montañas Ghats occidentales, donde un grupo está protegido en el Parque Nacional de Eravikulam.

y apostando con el clima general del planeta en un juego muy riesgoso.

Las aves y los mamíferos descritos en este libro están amenazados debido a los factores que actúan sinérgicamente para hacerlos desaparecer. La fragmentación de los bosques y la perturbación climática en conjunto tienen consecuencias aún más serias que la suma de sus impactos separados. Peor aún, los impactos globales ahora están correlacionados en distintos niveles: el crecimiento de la población humana incrementa la demanda de alimento, lo que provoca que los bosques sean deforestados para la agricultura. Después, estas acciones causan cambios en el clima local y regional y, por ende, en la biodiversidad. Una vez perjudicada, la producción agrícola disminuye y, finalmente, el camino hacia la decadencia desciende en picada. Todos estos elementos hacen que el futuro no pinte bien para las magníficas y fascinantes aves y mamíferos del mundo, sin mencionar a nuestra especie favorita: el *Homo sapiens*.

Todo está conectado. Entre más personas, más comida y, entre más comida necesitemos, más intensivo y grande debe ser el sistema agrícola. Si el sistema agrícola crece (el cual es por sí mismo el emisor más grande de gases de efecto invernadero por la quema de combustibles fósiles, las prácticas de uso de suelo, la ganadería y otros factores) el impacto en el clima será aún más grande. ¿Y las aves y los mamíferos? Son un daño colateral, sentenciados a morir sin premeditación.

En los 4.6 billones de años de historia que tiene la Tierra, el evento de la sexta extinción masiva se acelerará debido a la misma perturbación climática que ya está afectando a la agricultura. La crisis de la biodiversidad y la agrícola están interrelacionadas y, sin exageraciones, pueden ser mortales para la civilización humana. Aun así, hay personas que prefieren arriesgarse e ignorar la abundancia de datos cuidadosamente analizados. Estas personas son las que niegan lo que está pasando y seguirán en esa postura incluso cuando Roma esté en llamas.

¿Población o consumo?

Más allá de las personas que se niegan a aceptar la situación, es común que haya confusión acerca de cómo los factores ambientales y demográficos interactúan, aun entre personas educadas y racionales. Por ejemplo, muchos están convencidos de que el consumismo excesivo contribuye más al deterioro ambiental que la sobrepoblación. Esto es como estar convencido de que la longitud de un rectángulo contribuye más a su área que su ancho. En realidad, los dos factores son inseparables.

Durante el proceso de desarrollo de una nación preindustrial suele ocurrir que las tasas de mortalidad bajan debido a los avances de la medicina moderna, por lo que la población crece rápidamente por un tiempo. Después, comienza un periodo en el cual las tasas de natalidad disminuyen y hay una desaceleración del crecimiento poblacional y un aumento del consumo per cápita. No obstante, el hecho de que el crecimiento poblacional y el aumento

del consumo no ocurran simultáneamente no es consuelo, ya que el resultado eventual es una población grande que consume demasiado y que continúa destruyendo los sistemas que mantienen la vida en el planeta.

Un ejemplo reciente de ello es China, pues su descomunal crecimiento poblacional y su excesivo consumismo per cápita actual se combinan para crear al campeón de la destrucción ambiental en la escala local, regional y global, incluso superando a Estados Unidos. Mientras que el pensamiento de los chinos está cambiando, especialmente entre la clase media urbana, la nación tiene un largo camino que recorrer. Otro gran país asiático es la India, el cual se estima sumará 400 millones de personas a la población mundial hacia mediados del siglo XXI; además parece que seguirá la tendencia del desperdicio de energía usando tecnologías del siglo XX, como las plantas eléctricas basadas en la quema de carbón. Del mismo modo, se estima que más de 80 millones de estadunidenses habitarán el ya súper consumista país para el año 2050, lo que aumentará enormemente la presión masiva que este país ejerce sobre los sistemas naturales en todo el mundo. En África subsahariana se espera que 1.1 mil millones de personas se sumen a la población actual de 926 millones al llegar el año 2050; esto duplicará el tamaño poblacional en la región. Por lo tanto, muchos africanos más aumentarán gravemente el daño a los ecosistemas de los que dependen. El África de nuestras memorias seguramente no existirá y los grandes animales, vestigios del Pleistoceno, habitarán solamente en los zoológicos.

Toda esta situación empeora debido a que la fórmula de crecimiento consumo-población no es lineal. De manera inteligente, los humanos primero explotaron los recursos más fáciles de obtener, lo que significa que la tierra más fértil y las minas más ricas

El axis o ciervo moteado no se encuentra amenazado actualmente. Tiene una amplia distribución en la India y algunas naciones vecinas; algunas poblaciones nativas son de gran tamaño, pero su rango de distribución está disminuyendo. Ha sido introducido en muchas partes del mundo incluyendo Hawái y Texas. Estos animales desempeñan un papel ecológico muy importante al ser presa de depredadores en peligro de extinción como tigres, leones asiáticos, perros salvajes indios (dole) y leopardos. Es probable que el ciervo moteado sea cada vez más cazado para obtener alimento por personas hambrientas a medida que la sobrepoblación humana crece y la perturbación climática se acentúa en el subcontinente indio.

fueron explotadas primero. Ahora cada persona adicional debe alimentarse con base en las tierras más marginales y debe usar minerales extraídos de minas más pobres. En promedio, por cada persona que es agregada a la población, aumenta desproporcionadamente la destrucción de los ecosistemas.

La no linealidad relacionada con la extracción de recursos nos fue recordada dramáticamente en 2010 con el derrame de petróleo de la plataforma Deepwater Horizon (explotada por la compañía British Petroleum) en el Golfo de México. El primer pozo comercial de petróleo que se perforó fue en Pennsylvania, Estados Unidos, en 1859 y alcanzó el crudo a 21 metros de profundidad. Ciento cincuenta años después, el taladro de Deepwater Horizon empezó a perforar un pozo en el yacimiento Macondo en el Golfo de México. Sin embargo, esta perforación moderna empezó bajo el agua a una profundidad de casi 1.6 kilómetros (una milla) y penetró 5 kilómetros bajo el suelo oceánico cuando ocurrió la explosión. La desproporcionada comparación del esfuerzo requerido para obtener petróleo en el pozo de Pensilvania y en el Golfo de México son sólo una señal del rendimiento decreciente de nuestras actividades extractivas. Tales rendimientos son ahora evidentes en todos lados y afectan a todos los recursos que la civilización necesita para sobrevivir. Eso incluye las poblaciones (antes muy vastas) de aves, mamíferos, peces y otros recursos bióticos que la humanidad sigue intentando explotar a pesar de su inminente desaparición.

A medida que la población crece, los esfuerzos para mantener el suministro de bienes de consumo producirán la liberación de más compuestos tóxicos al ambiente. La toxificación de la Tierra podría ser una tendencia aún más peligrosa que el cambio climático, y podría contribuir a la crisis de extinción. Algunas personas piensan que la población puede seguir creciendo si se mejoran las tecnologías disponibles. Por supuesto existen muchos aspectos que pueden mejorar la eficiencia de nuestras actividades y la equidad entre las personas, por ejemplo, reemplazando los vehículos personales por transporte público y modificando el sistema económico para reducir la inequidad (especialmente en cuanto a la distribución de los alimentos).

Cuando se publicó el libro *The Population Bomb* (*La bomba demográfica*) en 1968 la población mundial rondaba los 3.5 mil millones de personas. Muchos pronatalistas argumentaban que la innovación tecnológica permitiría que 5 mil millones de personas vivieran una buena y abundante vida en la Tierra. De acuerdo con ellos, las futuras generaciones serían alimentadas con algas que crecen en alcanta-rillas, con ballenas que serían arreadas en atolones y con proteína vegetal o comida producida en complejos agroindustriales nucleares; pero nada de eso pasó. Hoy en día la población global es casi de 8 mil millones de personas y el número de personas malnutridas y en pobreza extrema es equivalente a la población humana mundial de los años treinta. Aunque luchamos por darle una vida adecuada a las personas que actualmente viven en la Tierra, las estimaciones honestas indican que no será posible alimentar, dar refugio, educar y proveer de servicios de salud a más personas.

Los hechos son incómodos; somos demasiados y obtener los recursos que la mayoría de nosotros requerimos para un día típico es demasiado duro para el planeta. En el último siglo y medio más de la mitad del deterioro ambiental que ha ocurrido es atribuible al crecimiento poblacional, un recordatorio de que el consumo per cápita aumenta constantemente. Durante más de cien años el consumismo excesivo ha sido alimentado por los combustibles fósiles, y, en la actualidad, su obtención amenaza a la biodiversidad local incluso en sitios remotos como el norte de Alaska y las profundidades de la cuenca del Amazonas. Además, la extracción de petróleo también amenaza a la megafauna del Parque Nacional Murchison Falls en Uganda; las minas de carbón despojan las antes ricas llanuras tibetanas y destruyen el fértil valle del río Hunter en Australia. Debido a los pozos petroleros ubicados en el Amazonas, los oleoductos cruzan los Andes a través de rutas de selva deforestada que en consecuencia provocan la desaparición de poblaciones de animales y plantas tropicales. El desarrollo de arenas petrolíferas está destruyendo gran parte de Alberta en Canadá y el "fracking" para obtener gas natural invade continuamente los suburbios norteamericanos, contaminando con sustancias tóxicas el agua subterránea y el aire.

Pérdida y fragmentación del hábitat

La Unión Internacional para la Conservación de la Naturaleza (UICN) estima que más de 70 por ciento de las plantas y animales que están amenazadas o en peligro de extinción están siendo afectadas en mayor o menor medida por la pérdida y fragmentación de su hábitat, y por ello se considera que ésta es una de las principales causas de extinción. Anteriormente hemos discutido los efectos de la pérdida del hábitat en una variedad de mamíferos como orangutanes, gorilas de montaña, tigres y leones asiáticos, y en aves como el cóndor, los loros y las águilas. Muchas especies son incapaces de sobrevivir en los pocos sitios que quedan disponibles cuando su hábitat es fragmentado y rodeado por un paisaje dominado por humanos.

Por ejemplo, sólo persiste 5 por ciento de la Mata Atlántica del este de Brasil, una selva tropical con alta riqueza de especies endémicas. La destrucción masiva de esta selva ha causado serios declives en las poblaciones de muchas especies de mamíferos y aves. Una de ellas es el paují de Alagoas, que se extinguió en estado silvestre en 1987. Una población en cautiverio en Río de Janeiro es la fuente para un proyecto de reintroducción. Muchas otras especies como el perezoso de collar, las dos especies endémicas de mono araña, los primates más grandes de Sudamérica; el tití león cara negra; el recientemente descrito capuchino rubio; el pato serrucho; la tangara siete colores y la amazona frente roja están en serio peligro de extinción gracias a la pérdida de su hábitat.

Sería muy informativo, desde una perspectiva científica y administrativa, si pudiéramos elegir a un país representativo (idealmente en los trópicos ya que se caracterizan por su riqueza florística y faunística) que logre cumplir su potencial económico en poco tiempo y luego documentar las pérdidas resultantes de biodiversidad. Pero este no es solamente un "experimento mental". La isla de Singapur representa exactamente este caso, "un canario en una mina de carbón" que nos advierte sin ser escuchado. Singapur ha experimentado un crecimiento poblacional exponencial desde los 150 aldeanos que ahí vivían en 1819 a más de cinco millones de personas actualmente. Este país ha pasado de ser una nación en vías de desarrollo de paracaidistas y barrios bajos a una metrópolis de primer mundo, donde la economía ha prosperado, lo que lo ha vuelto un modelo económico ideal en las últimas décadas.

El éxito de Singapur, sin embargo, llegó con un alto precio que tuvo que ser pagado con su biodiversidad. Desde que los británicos se asentaron en 1819, más de 95 por ciento de los 540 kilómetros cuadrados de vegetación original se han perdido, inicialmente para el cultivo comercial a corto plazo y posteriormente para la urbanización e industrialización. Como resultado, Singapur ha perdido 61 de sus 91 especies originales de aves de selva. Ahora se sospecha que muchas de las plantas de este ecosistema no se reproducen debido a la falta de dispersores de semillas y polinizadores. Afortunadamente Singapur está separado por 600 metros de mar de la península malaya, por lo que todas estas extinciones de especies de aves han sido locales y no globales. Singapur representa un microcosmos del mundo tropical, donde las selvas están siendo continuamente fragmentadas por actividades humanas como la urbanización, la deforestación y la agricultura, pero mientras Singapur prospere a través de las medidas económicas imperantes, no será conveniente que factores como la depreciación de los servicios ambientales y la autosuficiencia sean tomados en cuenta dentro del análisis económico.

Numerosos estudios indican que los parches de bosque remanente en paisajes deforestados tienen

El mono araña muriqui del sur es una especie de primate endémica del Bosque Atlántico o Mata Atlántica, al sureste de Brasil. Se encuentra en peligro de extinción debido a la fragmentación de su hábitat y la cacería ilegal.

poco valor para la conservación de las aves. Un ejemplo clásico es la pérdida de aves en la isla Barro Colorado (BCI) en Panamá. BCI es una isla de 1,562 hectáreas de bosques bajos que quedó aislada por la creación del lago Gatún como parte de la construcción del Canal de Panamá entre 1911 y 1914. Las aves de la isla han sido regularmente inventariadas desde 1929 y 70 especies (28 por ciento del total) que fueron registradas inicialmente se han perdido, probablemente por la destrucción de su hábitat y la falta de recolonización. En otras palabras, se pierden nueve especies de aves cada 10 años. Además, un número de poblaciones persistentes, como la del piquigordo de garganta blanca, han sufrido graves disminuciones y podrían desaparecer en un futuro cercano. En contraste, la estación biológica La Selva en Costa Rica, de 1,611 hectáreas, no ha perdido tantas especies de aves; solamente 8 o 3 por ciento. Esto puede deberse a su reciente aislamiento (15 años) y a un corredor que lo conecta con una selva de 44 mil hectáreas que permite el restablecimiento de especies localmente extintas por medio de la inmigración.

En general, los fragmentos de mayor tamaño son mejores refugios para las aves debido a la heterogeneidad de los hábitats que los conforman. En cambio, los fragmentos pequeños pueden ser penetrados por depredadores generalistas como los cuervos, lo cual tiene como resultado una alta depredación de especies que normalmente no están expuestas a ellos; este fenómeno es conocido como efecto negativo de borde. Los cambios en el microclima son alteraciones distintivas en el régimen climático de un área local y pueden influir en la habitabilidad de estos lugares. Por lo tanto, las corrientes de aire áridas que penetran fragmentos de bosque desde paisajes abiertos son perjudiciales para las plantas y animales nativos. Estos efectos parecen ocurrir tanto en los bosques templados como en los tropicales. La fragmentación de los bosques de Norteamérica generó una mayor penetración de depredadores de nidos como mapaches, zorros, zorrillos, cuervos y tordos, lo que pudo ser el factor principal del declive a gran escala de las aves migratorias que anidaban durante el verano en Norteamérica y pasaban el invierno en los trópicos.

Sobreexplotación y síndrome de defaunación

La sobreexplotación es una de las causas más graves de extinción y es también responsable de vaciar muchos ecosistemas de sus aves y mamíferos. El inmenso apetito humano por productos animales como las aves pequeñas que se aprovechan como alimento y se usan como mascotas, el marfil de los elefantes, los huesos de tigres, la carne de primates, y en general el coleccionismo de lujo de animales vivos y de sus productos como pieles, cuernos, dentaduras, garras y plumas, mantienen una industria creciente de comercio legal e ilegal de vida silvestre. Según datos de la ONG Traffic (una organización que monitorea el comercio de vida silvestre) el comercio internacional legal de especies importantes para la conservación incluyó entre los años 2005 y 2009 un promedio de 317 mil aves; más de dos millones de reptiles; dos millones y medio de pieles de cocodrilo; un millón y medio de pieles de lagartija; 2.1 millones de pieles de serpiente; 73 toneladas de caviar; un millón y medio de pieles de castor; millones de piezas de coral y 20 mil mamíferos como trofeos. La organización estimó que en 1990 el valor de productos legales de vida silvestre comercializados fue de 160 mil millones de dólares, mientras que en 2009 fue de más de 300 mil millones. Sin embargo, es evidente que el comercio legal es solamente una parte de todo el comercio de vida silvestre en el mundo; el comercio ilegal, operado por mafias criminales internacionales, vale quizá cientos de miles de millones más. Por ejemplo, se estima que los cuernos de rinoceronte valen más que el oro, la cocaína y la heroína en los mercados negros del sudeste asiático. Desafortunadamente, también se ha observado que el valor y el volumen del comercio de vida silvestre, tanto legal como ilegal, sigue creciendo constantemente.

Además del comercio de animales vivos y de sus productos, la cacería de subsistencia ha aumentado enormemente a nivel global, extrayendo una cifra estimada en millones de toneladas de carne al año. A pesar de que este tipo de cacería es generalmente ilegal, la cacería de subsistencia representa la fuente principal de proteína de muchas personas en países tropicales de África y Asia. Miles de gorilas, chimpancés, bonobos, monos, cerdos, venados, duikers, pangolines y muchos otros mamíferos, aves y reptiles son cazados cada año. Los cazadores utilizan

Actualmente existen siete especies de pangolines en el mundo, como este del centro de África. Son animales de movimientos lentos que se enrollan sobre sí mismos para protegerse de los depredadores. Los pangolines son presa de la cacería de subsistencia local y de las mafias internacionales que trafican con carne y escamas. Los chinos y vietnamitas los consideran una exquisitez y las escamas son de gran valor por sus propiedades putativas medicinales. En abril de 2019 las autoridades de Singapur capturaron un cargamento con 14 toneladas de escamas de pangolines, mientras que en febrero del mismo año las autoridades de Malasia descubrieron 30 toneladas de carne de pangolín en un par de fábricas. Por supuesto, todo era ilegal.

varias técnicas, como trampas y rifles, para atrapar a su presa. Las trampas, usualmente de alambre, se utilizan de manera frecuente y son extremadamente peligrosas, ya que capturan y lesionan a muchas especies que no son de interés para la dieta humana, incluidos animales tan grandes como los elefantes. En el espléndido Parque Nacional de Nairobi en Kenia la cacería de subsistencia se lleva 19 mil mamíferos cada año.

A pesar de la dificultad que tiene intentar dimensionar con precisión el alcance de este tipo de cacería, es muy probable que millones de toneladas de carne de animales silvestres sean comercializadas y consumidas cada año solamente en África. En 2008 el periodista norteamericano Tim Butcher recorrió la ruta por la cual el famoso explorador H. M. Stanley viajó a finales del siglo XIX. Butcher se desplazó a pie y en motocicleta desde el lago Tanganika en Tanzania, hasta el delta del majestuoso río Congo, que fluye hasta el océano Atlántico, cruzando 4,700 kilómetros en el este y centro de África. El periodista observó a lo largo de muchos kilómetros que las selvas estaban vacías y concluyó que esa ausencia era causada por la incesante cacería de subsistencia de mamíferos y aves de gran tamaño. La magnitud del comercio de subsistencia en África ha causado una alerta internacional y ha promovido algunas propuestas por parte de las agencias internacionales. La famosa primatóloga Jane Goodall dijo hace casi dos décadas: "Creo firmemente que, a menos que trabajemos juntos para cambiar las actitudes, desde los líderes mundiales hasta aquellos que consumen carne ilegalmente, no habrá poblaciones viables de grandes simios en estado silvestre en los próximos 50 años".

La magnífica guacamaya roja mide 91 centímetros de longitud y pesa más de 0.9 kilos. Es longeva, pues llega a vivir más de medio siglo. Como muchas otras guacamayas, se encuentra amenazada por su belleza, altamente valorada en el comercio de mascotas. Las guacamayas rojas anidan en hoyos de grandes árboles, los cuales son talados para tener acceso a ellas. Sabemos que una guacamaya roja puede venderse en 4 mil dólares en Estados Unidos. Afortunadamente la especie tiene un amplio rango de distribución, desde el sur de México hasta la Amazonia. La destrucción de su hábitat ha reducido algunas de sus poblaciones, pero la Unión Internacional para la Conservación de la Naturaleza (UICN) considera que su situación es de "preocupación menor".

El problema de la sobreexplotación es global, por lo que no se restringe a África. El número de animales cazados es difícil de visualizar, pero unas cuantas cifras bastan para vislumbrar la escala del problema. En Brasil se estima que cada año se cazan alrededor de 24 millones de animales. En Célebes, una de las islas más grandes de Indonesia, se venden 90 mil animales por año en un solo mercado, mientras que en Borneo se cazan 108 millones sólo en Sabah, uno de los territorios más pequeños de la isla. En Mongolia, en 2004, los cazadores mataron 3 millones de marmotas y 200 mil gacelas, la mayoría de forma ilegal; esta brutal matanza seguramente fue peor, ya que dejó completamente vacíos los pastizales paradisiacos donde habitaban estas especies. En China el número de antílopes chirú de la meseta tibetana, símbolo de las Olimpiadas de Pekín, ha caído a causa de la sobreexplotación de la que son objeto por su magnífica lana. Finalmente, en Estados Unidos millones de animales son cazados por sus pieles, incluyendo ratas almizcleras, mapaches, zarigüeyas y castores, mientras que otras especies consideradas plaga, como coyotes y perritos de la pradera, son exterminadas con la ayuda de subsidios gubernamentales.

La gran abundancia de ciertas especies no significa una garantía en cuanto a que no se extinguirán, aun siendo económicamente importantes. Por ejemplo, había miles de millones de palomas pasajeras, pero el floreciente mercado que vendía los polluelos como alimento y los adultos como blancos para los campos de tiro acabó extinguiéndolas en pocas décadas. En el pasado, las ballenas y otros mamíferos eran abundantes, pero al ser intensamente cazadas por sus aceites para lámparas estas otrora grandes poblaciones fueron reducidas hasta en 20 y 30 por ciento de su tamaño original; la ballena franca glacial fue llevada al borde de la extinción y todavía está en peligro. Las focas y sus parientes disminuyeron hasta alcanzar un bajísimo 3 a 5 por ciento de su abundancia original debido a la cacería por sus famosas y sofisticadas pieles.

Especies introducidas

Las especies de plantas y animales introducidas tienen impactos profundos en la flora y fauna nativa, así como en el ecosistema entero de los sitios a los que llegan. Los animales y las plantas introducidas ponen en riesgo a más de 60 por ciento de la biodiversidad en ciertas regiones, como los pastizales de California. Hace 30 años se calculó que 14 por ciento de todas las plantas del mundo habían sido introducidas a nuevos sitios por el humano; la situación debe ser peor ahora.

En ocasiones hay especies que son clave o que funcionan como ingenieros ecosistémicos en sus hábitats nativos, pero que resultan muy dañinos en otros sitios. Un ejemplo es el del castor americano, endémico de Canadá, Estados Unidos y el norte de México. Este animal fue introducido a Tierra del Fuego en Sudamérica debido al gran valor de su piel, y causó graves daños provocando inundaciones en los extensos bosques nativos, lo que terminó por cambiar el paisaje y amenazar a muchas especies locales.

Como se comentó previamente, numerosas extinciones de aves y mamíferos han sido causadas por la introducción de nuevos depredadores, especialmente en islas. Tal es el caso de la isla Guadalupe en México, Tahití, Pitcairn, Hawái, Nueva Zelanda y Mauricio, y muchas más, cuya fauna ha sido diezmada por depredadores invasores. Un clásico ejemplo que ya fue mencionado es el de la serpiente marrón arborícola que fue introducida a Guam en el Pacífico occidental. Pero los impactos de especies invasoras no se restringen a las islas; la introducción del estornino pinto europeo en Norteamérica ha afectado a la avifauna nativa, especialmente a las especies que anidan en las cavidades de los árboles, pues ahora compiten por ellas los inquilinos originales y los nuevos. Algunas especies de aves como el carpintero bellotero

De las múltiples aves mieleras que solían encontrarse en Hawái, el akiapolaau es una de las pocas especies sobrevivientes. En el pasado existían más de cincuenta especies de estas fascinantes aves; ahora nos queda solamente la mitad. Es muy emocionante para un ornitólogo observar a esta rara ave en peligro de extinción que desempeña un papel ecológico similar al del pájaro carpintero. Utiliza su pico inferior recto para partir la corteza de los árboles y su pico superior curvo para alimentarse de insectos.

han sido gravemente afectadas por esta competencia, pero en otros casos no queda claro si algunas otras poblaciones están en peligro por la introducción de los estorninos.

Extinción de animales migratorios

Los esfuerzos para proteger a las especies migratorias están conectados con una serie de requerimientos especiales. Primero, si es importante preservar el hábitat de una especie y ésta requiere dos sitios distintos para sobrevivir en diferentes momentos del año, podría ocurrir que estos dos sitios estén en diferentes naciones y hasta en distintos continentes. Incidir en las actitudes y políticas de diferentes gobiernos en relación con la conservación de la naturaleza es sin duda un reto mayor que los intentos locales de preservar a la mayoría de las especies de mamíferos, y es un reto aún más grande que los esfuerzos de conservación de aves residentes.

Los mamíferos tienden a ser sedentarios o bien migran en patrones definidos y bien documentados, por lo que en general es claro dónde es necesario proteger su hábitat. Por ejemplo, los ñus, las gacelas y otros mamíferos africanos han migrado durante siglos a través de las llanuras del parque Serengueti en Tanzania y el vecino Maasai Mara en Kenia, siguiendo el fresco forraje que crece después de las lluvias. Esta migración es uno de los fenómenos de vida silvestre más impresionantes sobre la Tierra. Pero, a pesar de ser un tesoro de la biodiversidad y un enorme imán para el turismo, esta migración está amenazada por los planes de construcción de una carretera que divide el Serengueti. El camino bloquearía, por lo menos parcialmente, estas migraciones, le facilitaría el acceso a los cazadores ilegales y generaría un gran número de muertes por atropellamientos.

Afortunadamente, una gran movilización detuvo la construcción de esta carretera; se trató de un logro enorme debido a que este camino buscaba abrir el acceso al oeste de Tanzania, región donde se encuentran yacimientos de coltán. El coltán es un mineral del cual se extrae el tantalio, un elemento raro que se utiliza como componente principal de celulares y computadoras. Esperemos que esta sea una victoria permanente, ya que los celulares son responsables de prácticas mineras depredadoras que generan pérdidas sustanciales de biodiversidad, al igual que las antenas de comunicación con las que chocan, y por las que mueren, millones de aves sólo en Norteamérica. Mientras nosotros "chateamos" sin cesar, las poblaciones y especies se hunden en la extinción.

Las aves migratorias que ya se enfrentan durante sus viajes a peligros como torres, edificios, turbinas de viento (una amenaza para los murciélagos insectívoros también), mascotas y gatos ferales (que matan a millones cada año), se topan con problemas adicionales cuando vuelven a sus sitios de verano. Cada migración requiere que se protejan las áreas de inicio y final del viaje, así como las áreas intermedias; es decir, desde los sitios de reproducción hasta los refugios invernales, pasando por las escalas que realicen durante el viaje para recobrar energía. Los murciélagos también sufren a causa de los campos eólicos; se estima que una impresionante cantidad de 600 a 900 mil murciélagos mueren cada año por colisiones con turbinas de viento, sólo en Estados Unidos. Actualmente los responsables de este tipo de tecnología están realizando algunas acciones para aminorar dichos impactos, incluyendo mejorar el diseño de las aspas de las hélices o aumentar levemente su velocidad para reducir el peligro. Esto es de suma importancia, pues la creciente industria de producción de energía no fósil (incluyendo la solar, la eólica y la hídrica) será esencial para la supervivencia de la biodiversidad que se encuentra amenazada por el cambio climático, imputado principalmente a la quema de combustibles fósiles.

En muchos lugares las aves migratorias realizan viajes que se vuelven peligrosos debido a los cazadores. Durante el invierno del año 2012 ocurrió al este de Europa un suceso que fue eventualmente muy divulgado. Cincuenta mil gansos migratorios fueron masacrados en las tierras bajas de Albania mientras volaban hacia el sur, alejándose como de costumbre del helado norte. Las aves canoras pequeñas tampoco se salvan de tal brutalidad. Cada año miles de millones de aves salen de Europa y cruzan el Mediterráneo para pasar el invierno en África. Ahí son interceptadas por cazadores que les disparan y que las atrapan por millones. En la isla de Chipre, durante este periodo de migración, un ave pierde la vida de forma ilegal cada cuatro segundos. Al terminar la migración, millones habrán muerto sólo en aquella isla.

Las toxinas como lastre

Uno de los problemas más aterradores a los que se enfrentan las aves y los mamíferos (incluidos nosotros) es la creciente distribución, de Polo a Polo, de nuevos químicos tóxicos. Estos compuestos de lenta degradación sintetizados por el ser humano pueden actuar como contaminantes orgánicos persistentes (COP) y como compuestos disruptores endocrinos (CDE), y se caracterizan por tener consecuencias graves en dosis mínimas. Algunos de éstos, como el DDT que casi extermina a varias especies de aves, son reconocidos desde hace tiempo como amenazas, pero aun así se han vuelto objeto de debate debido a que la industria química busca producirlos de nuevo, incluso conociendo sus riesgos y la resistencia asociada con su uso. Como ya hemos visto, una medicina para tratar inflamaciones usada en el ganado, considerada inofensiva, provocó una tragedia envenenando a los buitres y haciendo desaparecer un servicio ecosistémico de vital importancia para las personas de la India y Nepal.

Sabemos que no todos los venenos que el *Homo sapiens* utiliza para atacar a la vida silvestre son toxinas nuevas sintetizadas por la industria química. El mercurio, un subproducto de la combustión del carbón, es el mejor ejemplo. Este veneno es actualmente cuatro veces más abundante en el ambiente que hace unos siglos, cuando el carbón era quemado en grandes cantidades para alimentar la revolución industrial. El envenenamiento por mercurio afecta el canto de las aves, ya sea acortándolo o simplificándolo, lo cual no es sorprendente si sabemos que el mercurio también ataca al cerebro humano, reduciendo por ejemplo la habilidad verbal, entre otros efectos neurológicos graves. Los cantos de las aves son cruciales para la conducta de cortejo y finalmente para su reproducción. El mercurio, el plomo y otros metales pesados acumulados en el ambiente o los ecosistemas por las acciones humanas, especialmente la quema de carbón, están creando serios problemas para las poblaciones de aves a nivel global. Otra razón por la cual la humanidad debe eliminar rápidamente esta práctica es que la quema de carbón es de los principales generadores de dióxido de carbono, al igual que la minería.

La producción y dispersión global de los nanoproductos, partículas de diversas sustancias que tienen la capacidad de penetrar en las células, pueden potencialmente crear una gigantesca catástrofe. Generalmente no se evalúa qué tan seguros son estos productos, pero los efectos de un análogo natural, el asbesto, no son esperanzadores. Hasta el momento los venenos no han causado alguna tragedia de una gran extinción de mamíferos, pero las señales están ahí. Los osos polares parecen estar amenazados por una familia de compuestos de clorocarburos, los bifenilos policlorados (PCB) que tienden a acumularse en áreas frías como el Ártico, los cuales deforman las gónadas de los osos y debilitan su sistema inmune. Muchas personas consideran que la perturbación climática es el peor problema ambiental, y sin duda sus consecuencias pueden ser catastróficas. Pero el segundo lugar lo ocupa, sin duda, la propagación de químicos tóxicos a nivel mundial; Rachel Carson fue pionera en señalar este problema como el factor principal del declive de las aves en esa época, con el título de su libro *Silent Spring* (*Primavera silenciosa*).

Investigaciones recientes muestran que efectivamente éste es el caso, pues la regla básica de toxicología "la dosis hace el veneno" es, a menudo, errónea. Es verdad que hasta la sal de mesa te puede matar si ingieres demasiado, pero si uno grafica los impactos de muchas toxinas en relación con la dosis, existe un continuo aumento del peligro a medida que la dosis aumenta. Esta curva de dosis-respuesta se conoce como monotónica.

Los compuestos disruptores endocrinos pueden afectarte en altas cantidades, pero sus efectos negativos pueden ser diferentes en dosis mínimas. Los efectos adversos que se alcanzan con dosis pequeñas pueden aumentar la probabilidad de alteraciones en la determinación sexual y otros defectos del desarrollo, de problemas conductuales y desarrollo de enfermedades como el cáncer. Estos químicos que se comportan como hormonas (disruptores hormonales) pueden generar respuestas opuestas a medida que aumenta su dosis; su función puede cambiar de negativa a positiva y viceversa. Esto sucede porque las hormonas y los químicos que actúan como hormonas alteran la expresión de los genes en dosis pequeñas, mientras que en dosis altas las respuestas de

los receptores se saturan o se cancelan. Esto usualmente produce gráficas dosis-respuesta en forma de U o U-invertida, denominadas curvas dosis-respuesta no monotónicas. Tales respuestas no lineales son características de muchos compuestos pero, como sucede en la toxicología, generalmente son ignoradas.

Los disruptores endocrinos cobraron relevancia en relación con problemas de salud pública en gran medida gracias al libro *Our Stolen Future* (*Nuestro futuro robado*), publicado en 1996. Al igual que en *Primavera silenciosa*, los autores que hicieron sonar la alarma fueron atacados por la industria química, pero después mostraron que estaban en lo correcto. Tyrone Hayes de la Universidad de California en Berkeley ha sufrido ataques por parte de las agroindustrias por demostrar cuáles son los impactos de pequeñas dosis del herbicida Sarracina en anfibios, tanto en vida libre como en experimentos de laboratorio. La Sarracina es manufacturada por Syngenta, empresa que ha financiado una campaña multimillonaria para desacreditar a Hayes y difundir publicidad engañosa sobre ese herbicida. Esta campaña se parece a la de la industria de combustibles fósiles en la que se busca negar el cambio climático, o a la de la industria tabacalera que pretende no dañar a la salud humana. Muchos de los ataques hacia Rachel Carson hacían énfasis en que se trataba de una mujer; los dirigidos a Hayes subrayaban su color de piel. Él ha sido reivindicado por la ciencia y es uno de nuestros héroes, al igual que Carson.

Muchos de los efectos negativos potenciales de los disruptores endocrinos han sido estudiados en animales de sangre fría. Por ejemplo, los peces mosquito juveniles sujetos a dosis de 4-nonilfenol —un químico utilizado en grandes cantidades en varias industrias— se desarrollaron hasta convertirse en adultos que, si bien a nivel de órganos sexuales mantenían la proporción normal de una mitad hembras y la otra mitad machos, en su mayoría presentaban una morfología general que les hacía parecer hembras. En un caso de vida silvestre, se documentó que en un lago de Florida contaminado por disruptores endocrinos existía una alta frecuencia de caimanes con anormalidades que ocasionaban esterilidad.

También existe evidencia anecdótica de por lo menos un mamífero que tuvo problemas en el desarrollo sexual como consecuencia de la exposición a disruptores endocrinos, pues estos compuestos aparentemente influyeron en las interacciones de las hormonas responsables de la determinación sexual. Este mamífero es el *Homo sapiens*. En una comunidad de Canadá, establecida cerca de un gran complejo de plantas petroquímicas, la proporción de niños y niñas decayó de la mitad (que sería lo normal) a un tercio de niños, aunque no se ha demostrado fehacientemente que los disruptores endocrinos hayan tenido un papel en esta disminución. En algunos lugares del Ártico nacen el doble de niñas que de niños, ya que en esa región se localizan sumideros de disruptores endocrinos como COP, DDT y retardantes de fuego. Al parecer también hay una disminución generalizada de la proporción de niños nacidos en Japón, así como en la comunidad de estadunidenses blancos (pero no entre afroamericanos) a causa de una mayor mortalidad fetal masculina.

Los márgenes de incertidumbre de estos descubrimientos han puesto en duda los efectos potenciales de los CDE en aves y mamíferos no humanos, en los que los datos acerca de las proporciones sexuales a nivel poblacional son escasos. Señalar a uno o más compuestos químicos, u otros factores, como culpables resulta difícil en estos casos, pues muchos de ellos pueden estar interactuando y provocando un daño mayor a la suma de los daños individuales. Los efectos indirectos y las sinergias usualmente vuelven más difícil la identificación de las relaciones causa-efecto, aunque probablemente estos compuestos ya estén generando consecuencias en la reproducción de aves y mamíferos, tal como la Sarracina está evidentemente perjudicando a las poblaciones de ranas. Eventualmente las toxinas podrían ser responsables de una gran hecatombe biológica.

Perturbación climática

Finalmente, debería ser obvio que el cambio climático es una gran amenaza para la biodiversidad en general, así como para los humanos. Éste podría ser el problema más grave al que la humanidad se haya enfrentado jamás. Las predicciones más recientes de los impactos del cambio climático señalan que la humanidad podría enfrentarse a lo que llaman "el fin de la civilización" antes de llegar al siglo XXII. El cambio climático del pasado fue, en general, gradual y los organismos pudieron adaptarse, ya sea migrando a climas más favorables o evolucionando para sobrevivir en las nuevas condiciones. Los cambios extremadamente rápidos y dramáticos de las alteraciones climáticas hacen que esta adaptación sea más difícil y hasta imposible, especialmente si estos cambios generan toda una serie de eventos extremos adicionales. Las aves migratorias podrían llegar tarde a sus sitios de anidación y no lograrían aprovechar la abundancia de insectos de la que dependen para criar exitosamente a sus polluelos. Además, si la nieve se derrite antes, los insectos podrían emerger antes. Pero eso no es todo, los eventos climáticos extremos pueden crear un caos para la vida silvestre. Por ejemplo, a causa del mal clima en Inglaterra durante el invierno de 2013-2014, las poblaciones de insectos se desplomaron, lo que implicó una reducción significativa del alimento disponible para aves y murciélagos insectívoros en esa temporada.

Las aves playeras migratorias dependen de una gran variedad de organismos como cangrejos cacerola y pequeños peces para recargar energías durante su viaje. Si estos organismos acuáticos no están en el lugar indicado en el momento preciso a causa del cambio climático, las aves estarán hambrientas y serán incapaces de completar su migración. Esto ya está ocurriendo en lugares tan distintos como las costas de Delaware, las islas del Ártico y los humedales de África.

Los mamíferos migratorios en el Serengueti también podrían verse afectados. Se han documentado ya numerosos cambios en la distribución y abundancia de animales y en los tiempos de sus migraciones, probablemente en respuesta al cambio climático, lo que demuestra el inicio de un proceso peligroso de escala global. Por ejemplo, los escarabajos que se reproducen más rápido en condiciones más cálidas están ahora dañando grandes cantidades de pinos en las Montañas Rocallosas, lo que crea grandes áreas secas en las que pueden surgir incendios, destruyendo la biodiversidad y acelerando la extinción de muchas otras poblaciones de aves y mamíferos.

Desde luego que las aves y los mamíferos que mantienen una relación muy estrecha con las condiciones ambientales de sus hábitats los encontrarán destruidos y aunque existe la posibilidad de que varios componentes de ese hábitat puedan migrar hacia otras áreas, la perturbación humana sin duda impedirá que muchos animales puedan seguirlos. Algunas plantas pueden dispersarse fácilmente a través de las barreras urbanas y las aves pueden volar sobre ellas, pero muchos mamíferos no son capaces de hacerlo. Las aves y los mamíferos que se desplacen a zonas de mayor altitud en las montañas para mantenerse en un clima adecuado llegarán eventualmente a la cima y se extinguirán. Se estima que las poblaciones de ranas en los bosques mesófilos de montaña y de montañas tropicales ya están sufriendo extinciones debido al calentamiento global.

Lo único que uno tiene que recordar es que muchos organismos, incluidas la mayoría de las plantas, aves y mamíferos, están estrechamente adaptados de manera fisiológica a las condiciones climáticas específicas de su hábitat. Si estas condiciones cambian rápida o drásticamente, esas especies estarán condenadas a la extinción. Basado en el Acuerdo de Copenhague de 2009, el consenso ha sido que el límite de seguridad del aumento de temperatura sea de 2 grados Celsius (3.6 grados Fahrenheit), aunque hay por lo menos un climatólogo renombrado que lo considera demasiado alto. Desde entonces ha quedado claro que el clima está cambiando más rápido de lo que esperábamos y que varias retroalimentaciones positivas (llamadas así no por ser benéficas sino porque los factores se incrementan progresivamente) pueden estar entrando en juego.

En este tipo de retroalimentaciones positivas el aumento de temperatura genera, por sí mismo, un mayor aumento de la temperatura. El derretimiento del hielo ártico, por ejemplo, causa que haya una menor superficie de hielo blanco que refleje la energía solar hacia el espacio, por lo que esta energía es más bien absorbida por el océano Ártico, mucho más oscuro. Esto a su vez causa que el océano se caliente aún más, derritiendo más hielo y causando mayores temperaturas. Lo mismo sucede con la gran cantidad de metano, un gas de efecto invernadero, que está atrapado en los suelos y océanos del Ártico y que amenaza con ser liberado a la atmósfera por el continuo calentamiento. Estimaciones recientes indican que la temperatura promedio global podría aumentar 5 o 6 grados Celsius para el año 2100, lo que sin duda transformaría a la humanidad como la conocemos ahora y sería, en sí, un desastre gigantesco para la biodiversidad. Este aumento, tan alto y rápido, podría destruir la mitad o más de las especies actuales de aves y mamíferos, y muchas de las poblaciones de las que puedan sobrevivir. El solo cambio climático es suficiente para rematar esta sexta extinción masiva que ya está en camino. En general, la perturbación climática tiene múltiples y complejos impactos en las aves y los mamíferos de la Tierra. Hay cálculos que indican que la mitad de las especies de aves son altamente vulnerables a la perturbación climática, lo que podría directamente reducir la disponibilidad de alimento para los humanos. Ambas, la sociedad humana y la biodiversidad, son vulnerables a los eventos extremos causados directamente por el cambio climático: el aumento en la frecuencia e intensidad de las sequías, inundaciones, tormentas, frentes fríos, ondas de calor y otros fenómenos climáticos peligrosos. La verdad ruega por ser escuchada: nosotros somos los causantes de la muerte.

Cada año se establecen colonias gigantescas de pingüinos emperador en la Antártida. Estas colonias están sufriendo los efectos del calentamiento global.

10. MÁS ALLÁ DEL DUELO

PARAFRASEANDO AL POETA A. E. HOUSMAN, LAS lecciones que ofrecemos no son dulces; la verdad es difícil de escuchar. La conservación de aves y mamíferos es una historia trágica e impactante. Nuestra generación es testigo de un declive desastroso de los animales mejor conocidos del planeta, incluyendo a nuestros parientes más cercanos: los grandes simios. Estamos destruyendo algunas de las criaturas más fascinantes y hermosas que la naturaleza ha creado, desde las ballenas que cantan y las coloridas aves, hasta los bonobos sexualmente obsesionados y extrañamente parecidos a los humanos. Los servicios ambientales culturales y estéticos que estos animales solían proporcionar serán negados a nuestros descendientes.

Algo aún más sorprendente es que la situación actual que sufren las aves y los mamíferos, tan importantes para la humanidad en muchos aspectos, representa solamente la punta del iceberg en el que se encuentran todas las extinciones inminentes de todos los tipos de organismos en la Tierra. Incluso algunos grupos se encuentran aún más amenazados que nuestras preciadas aves y mamíferos. Por ejemplo, miles de especies de plantas se encuentran en gran peligro, no solamente por la desaparición de los animales de los cuales dependían para su reproducción. Quizá la noticia más alarmante sea que la humanidad se encuentra en graves problemas. Todos nosotros estamos siendo afectados; a la par que se extinguen las poblaciones y especies, se desvanecen los sistemas naturales de los que la civilización y la vida humana dependen.

Además de los innumerables papeles que los diversos organismos desempeñan en nuestras vidas, la sola existencia de los únicos organismos vivos que conocemos en el universo es, para muchas personas, un servicio estético y ético que no puede y no debería ser valorado monetariamente. Esta perspectiva ha generado largas discusiones filosóficas acerca de cómo debería ser la actitud humana hacia la biodiversidad, ya sea ecocéntrica (enfocada en el valor intrínseco de la naturaleza) o antropocéntrica (enfocada en el valor que tiene la naturaleza para la humanidad). Nosotros pensamos que hay un gran potencial en la visión ecocéntrica, pues si la gente decidiera que la biodiversidad tiene valor en sí y por sí misma y sin importar el valor instrumental para el *Homo sapiens*, el problema de preservar los demás organismos de la Tierra sería más sencillo.

Los biólogos conservacionistas han demostrado que resulta más útil recalcar que el futuro de la humanidad recae sustancialmente en preservar la mayoría de la biodiversidad. La comunidad científica entiende claramente el valor agregado de la biodiversidad tal y como uno puede comprender el valor de una fuerza policial para suprimir una onda criminal sin ser capaz de especificar la porción en que cada oficial tomará parte, o la importancia de los roblones que sostienen un ala de avión sin conocer el propósito parcial de cada roblón. Los trabajos recientes que evalúan el valor económico indirecto o directo de los servicios ambientales han sido útiles en general, especialmente desde que vivimos en una sociedad global en la que, desafortunadamente, el dinero se ha convertido en la medida de casi todo. Mientras que el valor monetario de la biodiversidad y los servicios ambientales son difíciles de estimar con precisión, existe un acuerdo generalizado de que son gigantescos.

De manera personal hemos participado en diferentes actividades para promover la conservación de las plantas y animales que hacen nuestras vidas más interesantes y satisfactorias. Hemos realizado investigaciones científicas básicas para comprender cómo los ecosistemas están estructurados y cómo funcionan, así como estudios aplicados para desarrollar

El indri colicorto es un hermoso lémur característico del este de Madagascar. A estas alturas no debería sorprender que la caza y la deforestación amenazan su existencia, pues se espera que la población humana de esta isla empobrecida se duplique para el año 2050.

nuevos y mejores métodos para evaluar la situación de nuestras especies compañeras e implementar planes de conservación. Gerardo, por ejemplo, ha impulsado la creación de varias Reservas de la Biosfera en México que cubren más de 2 millones de hectáreas en bosques templados y tropicales. Y ha trabajado incesantemente por proteger especies en peligro como los perritos de las praderas, los bisontes y los jaguares. Paul fue, en gran parte, responsable de establecer la Reserva Biológica Jasper Ridge en Stanford, donde académicos y estudiantes han llevado a cabo innumerables estudios que han ayudado a construir la ciencia de la ecología. Él y Anne han publicado una extensa obra sobre los problemas ambientales globales, empezando en 1968 por su libro *La bomba poblacional,* y han llevado a cabo diversos estudios sobre la conservación de poblaciones amenazadas de mariposas, entre otro tipo de animales. El difunto

Navjot Sodhi, quien empezó a escribir este libro con nosotros, trabajó incansablemente para proteger las selvas tropicales remanentes de Singapur y otras regiones del sureste asiático.

Nuestro trabajo no es único, sino similar al de miles de personas que trabajan en favor de conservar la biodiversidad desde una escala local hasta una global. Se necesita hacer mucho más para detener las pérdidas de biodiversidad, especialmente en cuanto al cambio climático global, la diseminación imperceptible pero gradual y constante de químicos tóxicos y la destrucción de los ecosistemas naturales que nos quedan.

Por supuesto hay un límite para lo que se puede lograr mediante las acciones personales o directas de cualquier individuo, y por ello los gobiernos y otras instituciones deben involucrarse. Muchos, si no es que la mayoría, de los científicos ambientales están convencidos de que contamos con suficiente conocimiento acerca de las causas del deterioro de los sistemas de soporte vital de los humanos para poder corregir el rumbo y seguir llevando una vida digna y feliz.

Repoblación de especies silvestres y biogeografía del paisaje rural

Lois Crisler, cinematógrafa de Disney, escribió lo siguiente después de años de filmar lobos en el Ártico: "La naturaleza sin animales está muerta; es un escenario muerto. Los animales sin naturaleza son un libro cerrado". Considera la idea de resilvestrar (*rewilding*) una gran parte de Norteamérica para restaurar ambos. Si se lleva a cabo extensivamente este plan podrían regresar lobos, pumas, gatos montés, glotones, osos grizzli y negros, jaguares, nutrias marinas, y otros carnívoros tope a sus antiguos hogares en un ambicioso proceso de restauración de ecosistemas grandes y extensos. Nosotros pensamos que la propuesta de resilvestrar tiene un mérito considerable y cumple con el imperativo ético de no exterminar a otros organismos, de preservar los servicios ambientales y revigorizar el capital y la productividad natural de Norteamérica. Restaurar ecosistemas sanos también podría ayudar a mitigar los impactos del cambio climático. Por ello, destacamos este enfoque como una esperanza, a cualquier nivel que se pueda lograr, en nuestra misión de salvar al *Homo sapiens*, las aves, los mamíferos y otras innumerables formas de vida con las cuales compartimos este planeta. Aplaudimos el esfuerzo y esperamos que sea exitoso.

Una medida de conservación complementaria, tal vez igual de ambiciosa y difícil, viene de la disciplina de la biogeografía rural, creada en gran parte por Gretchen Daily con base en su trabajo en Costa Rica.

El enfoque estratégico de esta nueva área de investigación es hacer que las áreas fuertemente afectadas por comunidades humanas, en especial aquellas destinadas a la agricultura, sean más habitables para otros organismos. El Proyecto de Capital Natural de Daily acopla los factores económicos con la conservación, complementando y ampliando el enfoque tradicional de la conservación. Aumenta sustancialmente la probabilidad de supervivencia de innumerables especies de plantas, animales y otros organismos conocidos y desconocidos para que puedan continuar proveyendo servicios ambientales.

Desafortunadamente, a pesar de que estos enfoques son meritorios y, por mucho, mejor que nada, no tienen ninguna influencia en los conductores principales de la crisis de la biodiversidad: el continuo crecimiento de la población humana y su consumo de los recursos. Éstas no son las únicas medidas que se han implementado para proteger la vida silvestre y los ecosistemas naturales frente a la presión humana.

Áreas protegidas

Las áreas destinadas a la conservación de la belleza escénica y la biodiversidad tienen una larga historia; los monarcas y príncipes solían mantener territorios extensos de hábitats naturales donde los animales nativos podían prosperar; a menudo estas especies eran preservadas para ser cazadas o por su belleza. En la actualidad la mayoría de los países tienen áreas parcialmente protegidas o reservas naturales como los santuarios para la vida silvestre, parques nacionales, reservas de la biosfera, reservas de comunidades indígenas y rurales y muchas otras categorías que tienen entre sus metas la preservación de las plantas y los animales.

Los hurones de patas negras están estrechamente relacionados con los perritos de las praderas, los cuales son su principal presa. En 1987 se creía que estos hurones estaban extintos, hasta que un perro trajo un espécimen a la casa de su dueño. Poco tiempo después se descubrió una población en Wyoming, pero la peste bubónica la llevó al borde de la extinción. Finalmente, los últimos 18 individuos fueron capturados y trasladados a un programa de reproducción en cautiverio muy exitoso.

Una de las reservas naturales más exitosas del mundo, la zona desmilitarizada (DMZ, por sus siglas en inglés) entre Corea del Norte y Corea del Sur, fue establecida prácticamente por accidente. El área no perturbada de la DMZ se ha convertido en un importante refugio invernal para la gravemente amenazada grulla de Manchuria, entre otras abundantes aves y animales que persisten ahí y que han desaparecido fuera de ese pequeño paraíso. La lección que este lugar nos muestra es aplicable en muchas partes del mundo: si eliminas a los humanos la naturaleza florece.

La gran variedad de diferentes tipos de áreas protegidas refleja la complejidad de las condiciones sociales, económicas y políticas que existen en todas partes. La Unión Internacional para la Conservación de la Naturaleza (UICN) intenta proteger por lo menos 10 por ciento de la superficie de la Tierra para el año 2020. Entre naciones esta cifra varía mucho, con pocos países como Costa Rica que alcanzan 25 por ciento de su superficie bajo protección, mientras que otros tienen muy pocas o ninguna reserva. Sin embargo, en muchas regiones se ha vuelto extremadamente difícil establecer nuevas reservas porque la mayoría de la tierra ya se encuentra bajo uso humano intensivo, aunque algunos países como México tienen programas ambiciosos y exitosos para incrementar el número de áreas protegidas.

El primer parque nacional de los Estados Unidos fue Yellowstone, en 1872. Se estableció principalmente para proteger las últimas manadas en vida libre de bisontes americanos y las maravillas geológicas del área, especialmente los géiseres como *Old Faithful* que hace erupción cada hora. Yellowstone es genuinamente una joya de la naturaleza. En un solo día un visitante puede observar osos grizzli y negros, lobos, wapitíes, bisontes, berrendos, alces, venados, castores y muchos mamíferos pequeños. Más de un millón de personas disfrutan de Yellowstone cada año y millones más visitan los otros 384 parques y reservas de Estados Unidos. Este país fue uno de los pioneros en establecer parques nacionales; hoy existen más de 1,200 parques y reservas en 100 países alrededor del mundo.

Las visitas a los parques nacionales fueron probablemente las primeras manifestaciones del ecoturismo, una creciente actividad popular que permite al público acrecentar su aprecio por la vida silvestre y la naturaleza, además de contribuir a construir bases de apoyo para la conservación. El ecoturismo proporciona a los turistas (quien a menudo son personas con poder de decisión) una puerta de entrada hacia un mundo que generalmente sufre de un "desorden de déficit de naturaleza". En efecto, no hay mejor manera de apreciar la biodiversidad que explorándola en África, donde la megafauna aún recorre las planicies y los grandes depredadores son fácilmente observables; una situación prácticamente única en la actualidad. Tanto la conservación como el ecoturismo se han convertido en actividades muy importantes en el este y sur de África, generando beneficios sustanciales para la economía de estos países no industrializados y para la abundante vida silvestre.

Un ejemplo conmovedor en torno al ecoturismo es el éxito de Botsuana. En este país una atracción popular son los humedales del delta del río Okavango, que se inunda cada año por las lluvias que caen en las tierras más altas de Angola. El agua fluye durante la temporada de secas, entre mayo y octubre, hacia éste que es el delta interior más grande del mundo, y atrae aves nativas y migratorias y abundantes animales de caza provenientes del árido desierto del Kalahari. El agua eventualmente se evapora o es transpirada por las plantas, yéndose hacia la atmósfera en lugar de fluir hacia el océano.

En el delta del río Okavango uno puede apreciar cómo era el mundo antes de que la mayoría de la megafauna del Pleistoceno desapareciera y, para aquellos que tengan los medios, se puede disfrutar con una comodidad sorprendente. No solamente incluye el espectáculo de numerosos elefantes y otros herbívoros de gran tamaño, sino también grandes grupos del más atractivo de los antílopes, el antílope negro o sable. Ahí uno puede tener el placer de ver a las garcitas garrapateras, aves que se alimentan de los ectoparásitos de grandes mamíferos, trabajando sobre las pieles de los sables, sistemáticamente en hileras, en búsqueda de garrapatas.

Salvando objetivos en peligro

Hasta ahora hemos descrito sólo algunos ejemplos de la gran cantidad de especies que se han extinto o que se encuentran amenazadas debido a las acciones humanas. Una razón por la que podemos ser relativamente optimistas es que también son las acciones humanas las que pueden salvar de la extinción a las especies que se encuentran en peligro crítico. Existen numerosos métodos disponibles para conservar a nuestros compañeros que se desvanecen, incluidos la reproducción en zoológicos e instalaciones especializadas, la protección de sus poblaciones silvestres en santuarios o reservas, y el manejo de las poblaciones silvestres que aún sobreviven.

La reproducción en cautiverio de aves y mamíferos que han alcanzado números críticos es una estrategia que ha funcionado bastante bien en algunas ocasiones, pero normalmente requiere mucho tiempo, es costosa y no proporciona ninguna garantía de éxito a largo plazo. Si bien la reproducción en cautiverio puede ayudar a salvar y restablecer una población de alguna especie severamente amenazada, es un tanto inútil a menos que la población pueda regresar a su hábitat natural. Existen ejemplos de intentos y casos exitosos en todo el mundo, desde la reproducción de peces criados en cautiverio hasta la reintroducción de guepardos en Irán, leones asiáticos en la India, cóndores californianos en el Gran Cañón, orangutanes en Borneo y guacamayas rojas en México.

Sin embargo, algunos de estos esfuerzos han resultado controversiales. La reproducción y crianza en cautiverio de pandas gigantes cerca de Chengdu, en China, ha dado bastantes buenos resultados, pero no es claro cuánto hábitat se puede proteger para que una reintroducción exitosa sea factible a largo plazo. Hoy en día existe una legislación del gobierno chino llamada "Reforma de Tenencia Forestal", la cual en el peor de los casos podría destruir 15 por ciento del ya inadecuado hábitat del panda. Algunos biólogos han señalado que a pesar de que los pandas representan un gran símbolo de biodiversidad, el esfuerzo no vale el dinero invertido, ya que éste podría usarse en otras actividades de conservación. Nosotros estamos en desacuerdo con esta visión. En primer lugar, porque la sola existencia de esta iniciativa puede ayudar a impulsar al gobierno chino a construir una red de protección más efectiva del hábitat del panda. En segundo lugar, es ingenuo pensar que los fondos disponibles para salvar a esta especie carismática puedan ser fácilmente transferibles a otras especies. Finalmente (siendo transparentes en nuestras preocupaciones ecocéntricas) pensamos que la Tierra sería un mundo más pobre sin este maravilloso animal; incluso si sólo existiera en zoológicos.

En la mayoría de los casos es claro que una vez salvaguardada la especie en cautiverio o en un solo parque o reserva, es necesario transferir algunos individuos a otros lugares, con el fin de aumentar el número total y establecer poblaciones adicionales que permitan a largo plazo su conservación y el mantenimiento de su valor funcional para las personas. Generar más de una población en más de una localidad es un mecanismo de seguridad que permite aumentar la variabilidad genética y reducir problemas potenciales que pudieran poner en riesgo a la única población. Esta estrategia también podría facilitar la restauración de servicios ambientales para la humanidad en regiones donde éstos se deterioraron o perdieron cuando las poblaciones locales de esa especie fueron erradicadas.

El calamón takahe de Nueva Zelanda representa el caso de muchas aves dóciles y a menudo no voladoras que fueron aniquiladas cuando los humanos invadieron las islas de Oceanía hace algunos miles de años. También se creía extinta, pero milagrosamente se descubrió una pequeña población en las montañas de Murchison en la isla sur, mientras que los takahes de la isla norte se conocen sólo por huesos. Se cree que su población disminuyó por el cambio climático que redujo su hábitat alpino y por la devastación ecológica que ocasionaron primero los maorí y después los europeos. Pero la especie se está recuperando lentamente y algunos individuos ya se encuentran de regreso en la isla norte, donde han sido ubicados en reservas libres de depredadores como la provincia de Zelanda, donde se tomó esta fotografía.

La paloma gigante de Nukuhiva, la pariente arborícola más grande de la paloma común, es símbolo de lo que somos capaces de proteger. Las poblaciones de esta maravilla en peligro de extinción, del orden de cientos de aves, sobreviven en dos islas: Nukuhiva y Uahuka, en las islas Marquesas en el Pacífico sur. Su envergadura puede alcanzar más de 75 centímetros y su peso hasta un kilogramo. La supresión de la cacería alcanzada mediante convenios con los habitantes, especialmente en Uahuka donde las palomas Nukuhiva fueron reintroducidas, parece haber permitido que la población se recupere lentamente.

El playero de Tuamotu no comparte muchos de los hábitos migratorios de sus familiares ni el comportamiento alimenticio típico de los playeros. Actualmente se encuentra amenazado por la disminución de sus números y su rango de distribución (probablemente existen mil ejemplares). Este playero sobrevive en unos pocos atolones libres de ratas en el archipiélago de Tuamotu, forrajeando en la arena seca, en la maleza y en los árboles en busca de insectos e incluso néctar. Es probable que el aumento del nivel del mar los extermine pronto.

Las translocaciones y desplazamientos a gran distancia de especies en peligro (y otras) se han convertido en una herramienta esencial para hacer frente a los crecientes impactos negativos de los humanos en la naturaleza. Es común que los individuos sean trasladados para establecer nuevas poblaciones o aumentar el tamaño de las poblaciones silvestres. Por ejemplo, los perritos de la pradera de cola negra fueron recientemente reintroducidos de México a Arizona, mientras que los hurones de patas negras y bisontes americanos fueron reintroducidos de Estados Unidos a la Reserva de la Biosfera Janos, al noroeste de México. En el sureste asiático trasladar a los orangutanes se ha convertido en la única esperanza de salvar a cientos de individuos que han quedado aislados en fragmentos remanentes de bosque con pocos árboles por la conversión de sus alrededores en plantaciones de palma de aceite. Capturar y transportar a los orangutanes hasta lugares como el Centro de Conservación Sepilok en Sabah ha salvado a muchos de ellos. Una vez rehabilitados, y si existe un hábitat adecuado disponible, pueden ser liberados y protegidos ante la acelerada deforestación.

Utilizar la biodiversidad de manera sustentable

Muchas especies están en peligro de extinción principalmente por la presión directa de acciones humanas como la colecta, la cacería y el trafico ilegal. En estos casos se requieren acciones regulatorias directas enfocadas en proteger una población o especie con un valor económico particular. Algunos ejemplos incluyen especies de peces valiosos, algunas plantas ornamentales raras y patos y gansos migratorios. En algunas ocasiones también se han aplicado medidas adicionales como la reproducción en cautiverio y la translocación para salvar especies sobreexplotadas.

Un caso ejemplar en México es el del borrego cimarrón, que se encontraba bajo una gran presión por la cacería. En los años noventa el gobierno mexicano prohibió la caza de esta especie en respuesta a la presión política de agencias internacionales de conservación. Antes de que el borrego cimarrón estuviese protegido, su población disminuyó hasta 1,200 individuos. El primer paso para establecer un programa de recuperación fue lograr entender la compleja dinámica entre la caza deportiva, que es una actividad de la gente local, y la población del borrego cimarrón. Este programa incluía también aumentar el tamaño de las poblaciones restantes en Baja California y Sonora, transfiriendo algunos individuos a otros estados y organizando un protocolo de cacería que pudiera beneficiar a los propietarios locales de la región, así como darles incentivos para proteger al borrego cimarrón.

La propuesta original se encontró con una gran resistencia, similar a la de los rancheros en los estados del oeste de Estados Unidos cuando se inició la reintroducción de lobos en el Parque Nacional Yellowstone y el centro de Idaho a mediados de los años noventa. Pero gracias a su colaboración con los orgullosos indios seri, la última tribu que fue nómada en Norteamérica, los científicos en México establecieron un ambicioso programa de conservación y cacería en la isla Tiburón, una gran isla en el Golfo de California. El borrego cimarrón fue introducido ahí en 1975 y al llegar el año 1990 su población había aumentado a más de 600 individuos. El derecho a cazar legalmente al primer borrego cimarrón bajo el nuevo programa en la isla Tiburón fue subastado en 200 mil dólares. Desde entonces el borrego cimarrón ha sido introducido en otros lugares y actualmente la población mexicana excede 10 mil individuos. Estos animales se salvaron de extinguirse en México gracias a los incentivos asociados a este programa regulado de cacería deportiva.

La cacería de aves también puede aportar estímulos importantes para la conservación. Los cazadores de patos en Norteamérica se preocupaban porque la pérdida de los humedales donde se reproducen estos animales comenzaba a afectar sus actividades. En 1937 se fundó en Canadá la organización Ducks Unlimited, la cual tiene ahora presencia en varios países. Desde entonces han conservado y restaurado más de 5.3 millones de hectáreas de hábitat crítico para aves acuáticas y otros animales silvestres. No hay duda alguna de que, en los últimos setenta y cinco años, los cazadores han ayudado a revertir el rumbo hacia la extinción de muchas poblaciones de aves acuáticas. Además, los humedales se encuentran entre los sistemas más productivos e importantes, no sólo para la reproducción de patos, gansos y muchas otras especies, sino también para el conjunto de servicios ambientales que proveen a la humanidad, empezando por la purificación del agua.

En ocasiones, los programas de conservación pueden ser difíciles de sostener. Por ejemplo, en África ha habido un debate intenso sobre si es ético o no sacrificar a las crecientes poblaciones de elefantes con el fin de frenar el comercio de marfil. Esto se debe a que, por una parte, estas gigantes bestias pueden ser una plaga para la agricultura y en altas densidades pueden alterar el paisaje natural de forma radical. Por otra parte, los activistas que apoyan los derechos de los animales y los amantes de la naturaleza están ofendidos por la matanza de estos animales carismáticos e inteligentes.

Como muchos de los dilemas eco-éticos actuales, éste no es fácil de resolver. Existen vías para conseguir que las poblaciones se reduzcan sin tener que sacrificar a los individuos, entre las que se encuentran la anticoncepción y la reubicación. Pero las áreas adecuadas para introducir elefantes se están volviendo cada día más escasas, y el uso de anticonceptivos es complicado, excepto en parques pequeños, además de que es más caro y complicado que dispararles. Los grupos que luchan por los derechos de los animales están, desde nuestra perspectiva, acertadamente preocupados por la crueldad hacia los elefantes y la desgarrante situación por la que pasan los huérfanos cuando sus madres son asesinadas. Pero la sobrepoblación de estas criaturas puede llevar tanto a problemas de sostenibilidad para ellos mismos, como a conflictos con otras especies cuyas poblaciones también han crecido demasiado.

El programa Campfire de Zimbabue (Programa de Manejo de Áreas Comunales para Recursos Autóctonos, por sus siglas en inglés), parcialmente fundado por la Agencia de Estados Unidos para el Desarrollo Internacional o USAID (por sus siglas en inglés), fue centro de controversia en los años noventa debido a la aplicación de una estrategia de cacería controlada de elefantes. El financiamiento estadunidense tenía como propósito aumentar la capacidad de los habitantes locales en la administración de sus propios recursos naturales. En esta región las manadas de elefantes que se encontraban fuera de los parques o reservas eran capaces de arruinar el sustento anual de una familia al meterse en sus parcelas, destruyéndolas en pocos minutos. Cuando esto ocurría, la gente de escasos recursos obviamente disparaba sobre los elefantes que destruían sus tierras. Aún peor, los elefantes rebeldes comenzaron a matar a cientos de humanos cada año, por lo que eliminarlos en defensa de las personas y sus huertos provocó una disminución aún más acelerada de estas manadas.

El programa Campfire vendió por año entre 100 y 150 licencias de caza deportiva de elefantes con un precio de 12 mil hasta 15 mil dólares cada una. Las

ganancias fueron donadas a los concejos municipales rurales, los cuales determinaban cómo se gastaba el dinero. En consecuencia, las manadas de elefantes aumentaron considerablemente en las áreas de cacería, porque la cacería furtiva fue suprimida por los nuevos "dueños" de los elefantes, es decir, la gente de la región, que recibió más dinero y sufrió menos daños. Era una situación que beneficiaba a todos, pero la Sociedad Humanitaria de Estados Unidos rechazó el programa con el argumento de que los elefantes jamás deberían ser cazados y los grupos en favor de los derechos de los animales presionaron para frenar el financiamiento. A pesar de la conmoción por el cese del financiamiento internacional y la implosión político-económica del Estado de Zimbabue, los beneficios del programa Campfire han mostrado ser notablemente sólidos, aunque su estatus actual es

Los perros salvajes de África son depredadores que cazan en grandes manadas y siguen a su presa por largas distancias, a menudo a gran velocidad. Se encuentran en peligro de extinción con sus anteriores poblaciones de cientos de miles ahora reducidas a solamente pocos miles de individuos.

desconocido. Esta experiencia muestra que en el proceso de determinar dónde se asignarán fondos para la conservación siempre es necesario mantener en mente la ética ecológica de la situación global en su conjunto, tal como sucede con los impactos de las disputas políticas en temas que atañen a la biodiversidad y poner atención a factores como las diferentes capacidades de distintas naciones para proteger a una misma especie.

La controversia del Campfire hace visible el conflicto ético que existe entre los que piensan que la clave está en mantener poblaciones silvestres sanas, los que están preocupados principalmente por los derechos de los animales a nivel individual y aquellos que desacreditan el uso o mercantilización de la naturaleza, o como en ocasiones se conoce, uso sabio o uso múltiple. Incluso si hay desacuerdo sobre lo que es o no es correcto, se tienen que tomar decisiones. Aunque odiemos profundamente ver cómo hay personas que matan a estos magníficos animales para lograr un sentimiento de satisfacción, nosotros estamos del lado de Campfire. Pensamos que es mejor cuando la gente de la región recibe una parte de los beneficios por conservar las manadas de elefantes en vez de permitir su exterminación, que evitar la matanza poco ética de animales por parte de personas adineradas entusiastas. Esto especialmente cuando hay poblaciones enteras de elefantes que se encuentran condenadas por la falta de ingresos de la cacería. Esto también mostraría a los habitantes locales que no todos los programas operan en contra de sus intereses.

Además, pensamos que también es éticamente necesario tomar en cuenta a las plantas y los animales no carismáticos que, como hemos visto en el campo, pueden ser devastados por la sobrepoblación de elefantes, inclusive cuando otros organismos dependen de las actividades normales de los elefantes. En general, parece que la cacería regulada seguirá teniendo un lugar seguro dentro de las políticas de conservación. Pero esperamos que cada vez se complemente más o se remplace por safaris exclusivamente fotográficos.

Organizaciones no gubernamentales, legislación y opinión pública

En Estados Unidos las organizaciones ambientales no gubernamentales (ONG) han sido pioneras en la protección de la biodiversidad. Sus primeras acciones se enfocaron en la sobreexplotación de un recurso que hoy pocos reconocerían como tal: las plumas de aves. En 1886 el conservacionista Frank Chapman realizó dos caminatas al distrito de la moda de Manhattan y en ellas registró cuarenta especies de aves nativas, todas identificadas por medio de las plumas que adornaban los sombreros para mujeres. La moda de los sombreros con plumas en el siglo XX enriqueció mucho a los cazadores de plumas, quienes invadieron las colonias de aves playeras y gaviotas a lo largo de la costa este de Estados Unidos. Los cazadores profesionales casi exterminan a la garza y a la garceta blanca, las cuales tenían un gran valor debido a su suave y largo plumaje. Afortunadamente, la hecatombe aviar que eliminaba millones de aves anualmente fue generando indignación en el público estadunidense. Como respuesta, las sociedades se organizaron para proteger a las aves y se aprobaron leyes que regulaban las actividades de los cazadores y este comercio. Aquellas sociedades tomaron el nombre del pintor de aves pionero John James Audubon. La Sociedad Audubon y sus representaciones locales siguen contando con una fuerte presencia en la agenda de conservación norteamericana.

El periodo de la cacería de plumas de aves marcó el principio de la conservación en el este de Estados

Unidos. También en el oeste, a finales del siglo XIX, el naturalista, filósofo y autor John Muir creaba conciencia sobre la belleza de la Sierra Nevada y de otras maravillas naturales a nivel nacional. Él fue responsable en gran medida del establecimiento del Parque Nacional Yosemite en 1890 y posteriormente fue clave en el establecimiento de otros parques en el oeste. Por eso se le otorga a menudo el título extraoficial de "padre" del sistema de parques nacionales de Estados Unidos (aunque Yellowstone se estableció primero, en 1872). También tuvo un papel quizá igual de importante en la fundación del Club Sierra en 1892, del que fue el primer presidente. Más allá de sus primeros años como club de excursiones al aire libre, para finales del siglo XX el Club Sierra se había convertido en un poderoso actor a favor de la conservación en los Estados Unidos.

Los albores del siglo XX vieron la llegada del primer presidente de Estados Unidos interesado en la conservación: Theodore (Teddy) Roosevelt. Siendo un gran cazador deportivo se consternó por el sobrepastoreo y otras actividades destructivas que había observado en el oeste de su país. Cuando se convirtió en presidente en 1901, Roosevelt ejerció su poder presidencial para proteger la vida silvestre y las tierras públicas. Fortaleció el Servicio Forestal de los Estados Unidos y estableció 51 reservas federales de aves, cuatro reservas nacionales para la cacería deportiva, 150 bosques nacionales y cinco parques nacionales. También utilizó el Acta Americana de Antigüedades de 1906 para crear 18 monumentos nacionales. De manera global, Roosevelt protegió más de 80 millones de hectáreas de tierras públicas y construyó la reputación del Partido Republicano como agente de protección ambiental, ampliada posteriormente por Richard Nixon, pero que fue después lentamente desmantelada por Ronald Reagan y otros líderes republicanos subsecuentes del Congreso.

El creciente problema de la contaminación del aire a mediados del siglo XX dio lugar a un movimiento de resistencia popular y al surgimiento de muchas organizaciones ambientales que desde entonces han adquirido poder político y han tenido un continuo liderazgo en temas de conservación. Es terrible pensar en lo poco que quedaría de las riquezas biológicas de la Tierra si no fuera por el Fondo Mundial para la Naturaleza o WWF (por sus siglas en inglés), The Nature Conservancy, Greenpeace, el antiguo Club Sierra, la Sociedad Audubon y otros grupos que han luchado durante largo tiempo contra la ola de extinción, primero en Estados Unidos, luego en Europa y ahora en todo el mundo. Nuevos grupos en todas las naciones, incluyendo regionales y locales, se están uniendo a la batalla todo el tiempo.

Las organizaciones ambientales no gubernamentales, al igual que los biólogos dedicados a la conservación, zoológicos y entidades gubernamentales como las agencias de pesca y vida silvestre y las encargadas de áreas naturales protegidas han realizado el trabajo fundamental de desacelerar el ritmo de las extinciones en donde ha sido posible. Con ello han logrado conservar algunos de los recursos más importantes para la humanidad, los cuales pueden proporcionar el material básico para restaurar nuestro capital natural a su anterior abundancia. Los acuerdos internacionales como CITES (Convención Internacional para el Comercio de Especies de Flora y Fauna en Peligro de Extinción de 1975) también han sido fundamentales para establecer normas que limiten la hecatombe de la biodiversidad. La CITES busca evitar el exterminio de especies causado por el comercio internacional de especímenes de animales y plantas silvestres.

Los MAHB

Si se busca corregir el sistema económico mundial es necesario poner más atención a la conducta humana, tanto individual como colectiva. En respuesta a esta necesidad surgió una organización que busca ayudar a unir la brecha entre la acción individual y el cambio institucional: un movimiento emergente de nombre MAHB, pronunciado "mob", cuyos participantes son llamados "mahbsters" (http://mahb.stanford.edu/). El acrónimo representa Millennium Alliance for Humanity and the Biosphere (Alianza del Milenio para la Humanidad y la Biosfera). La alianza MAHB busca fomentar e inspirar el diálogo y la colaboración entre científicos biofísicos y sociales, académicos humanistas y el resto de la sociedad civil, para atender los problemas críticos a los que se enfrenta la sociedad. Estos problemas incluyen las perturbaciones climáticas, el cambio en el uso del suelo, las presiones que ejerce el crecimiento poblacional humano, la contaminación del planeta y el consumo excesivo de las personas ricas y poderosas que desarrollaron el sistema global y lo mantienen para seguir obteniendo ganancias personales, sin la menor preocupación por nuestros compañeros. Tanto de modo directo como a través de sus interacciones, todos estos procesos contribuyen a la pérdida de la biodiversidad.

MAHB está intentando desarrollar un movimiento social comprometido a revertir las tendencias ambientales y sociales que amenazan a la humanidad y, sobre todo, enfatizar los papeles que representan el crecimiento poblacional y el creciente consumismo, entre los ya mencionados, como impulsores de la destrucción ambiental. También hace énfasis en los tristes efectos de la inequidad económica, racial y de género. Diversos grupos y organizaciones de la sociedad civil se reúnen en esta plataforma para unir fuerzas, crear y reforzar redes, compartir información y actuar en conjunto con el propósito de generar un mayor impacto sin tener que perder sus identidades y misiones individuales en el proceso. Entre las metas estratégicas y más ambiciosas del MAHB está eliminar la brecha entre el conocimiento científico y la acción política e intentar cambiar la percepción que el público tiene acerca de los problemas de la naturaleza, con la idea de desarrollar la inteligencia de previsión que permita a la sociedad actuar de manera asertiva respecto al futuro que nos espera.

¿Una batalla perdida?

Aun con el importante trabajo de las ONG y las entidades gubernamentales dedicadas a la conservación y protección de la biodiversidad en todas las naciones, los esfuerzos actuales frenan sólo una parte de la hemorragia que la biodiversidad sufre hoy en día. En general, los esfuerzos para proteger este tesoro están fracasando. Todos los indicadores muestran que el trabajo de conservación ni siquiera permite que las pérdidas disminuyan. Cada día, multitud de poblaciones desaparecen y, seguramente, cada hora se extinguen especies.

Peor aún, la perturbación del clima y la continua acumulación de químicos tóxicos que ahora contaminan toda la Tierra parecen afianzar la aceleración de las tasas de extinción. La perturbación del clima (incluyendo la acidificación de los océanos) es una amenaza directa gigantesca, porque muchos organismos no podrán evolucionar o migrar de manera exitosa conforme sus ambientes se vuelven inhabitables. También es una amenaza indirecta sustancial porque generará efectos adicionales en las actividades humanas que atienden nuestras necesidades, como la creación de infraestructura energética, la redistribución de recursos naturales (especialmente el agua), y la reubicación geográfica de actividades agrícolas en respuesta al cambio de las condiciones en las próximas décadas a siglos.

Todo esto significa mayor destrucción y fragmentación de los hábitats relativamente prístinos de la Tierra, por ejemplo cubriendo los desiertos con paneles solares, arruinando las zonas oceánicas cercanas a la costa con los afluentes de las plantas de desalinización, construyendo nuevos canales y presas, o talando bosques para cultivar biocombustibles. Esta situación nos muestra que no sólo es esencial ampliar los esfuerzos de conservación, sino que deberá haber muchos más para que las personas entiendan de manera más clara la importancia de preservar los hábitats naturales, por ejemplo para capturar el carbono atmosférico. El nivel de los esfuerzos actuales de conservación puede ser insuficiente si queremos evitar que la herencia de nuestros descendientes sea un mundo biológicamente empobrecido en vista de estas nuevas demandas hacia la naturaleza.

¿Qué debe hacerse? En lugar de sólo lamentar la pérdida de la riqueza biológica de la Tierra, los conservacionistas y los científicos deberían reiterarle a toda la sociedad la importancia del soporte vital crítico, abanderar junto con el gobierno y la industria que se preserve la biodiversidad, y motivar a las personas a experimentar y valorar los servicios estéticos y éticos que nos provee. Por supuesto, es importante que los pasos graduales y progresivos que hemos descrito aquí continúen para retardar la destrucción actual de nuestro patrimonio natural tanto como sea posible. Si restauramos y protegemos más áreas de hábitat natural, podríamos ayudar a establecer reservas de poblaciones y especies que actúen como fuentes invaluables de genes y organismos en restauraciones posteriores. Además, es posible implementar cambios relativamente pequeños en áreas agrícolas, como

promover el crecimiento de algunos árboles o de barreras naturales de arbustos, que pueden mejorar sustancialmente la capacidad de estas áreas de albergar poblaciones de especies nativas. Incluso reemplazar el césped por vegetación natural en comunidades desérticas como Phoenix o Los Ángeles puede ser de ayuda. Esto también podría salvar el agua tan preciada y, quizá más importante, educar a los niños acerca de la belleza e importancia de la flora y la fauna locales. Las numerosas organizaciones de conservación y agencias gubernamentales que fomentan estas actividades y políticas deberían ser apoyadas. Aunque sea esencialmente un acto de retaguardia, esto puede ayudar a ganar más tiempo para que la humanidad pueda atacar nuestro dilema de raíz.

Más allá de la conservación

¿Qué debe hacerse para salvar a las aves, a los mamíferos, al resto de la naturaleza y a nosotros mismos? La única esperanza real es tomar acciones directas para reducir la sobrepoblación y el consumo excesivo, que son las causas principales de las extinciones y de la degradación ambiental. Para lograrlo la única medida efectiva es la reevaluación de las prioridades humanas, ya que, si los humanos seguimos reproduciéndonos extravagantemente y nuestra adicción por el consumo materialista continúa sin control, las aves, los mamíferos (incluidos los humanos) y la gran mayoría de las formas de vida continuarán muriendo lentamente. A largo plazo la esperanza depende de la reducción de la población humana y del consumo material per cápita de los ya ricos. Pero si las personas, especialmente los líderes empresariales, los políticos y los economistas siguen manteniendo a la sociedad enganchada a un crecimiento perpetuo, la humanidad continuará dirigiéndose hacia una catástrofe.

El aye-aye, un lémur nocturno que habita las copas de los árboles, está emparentado con los chimpancés y el humano. Al igual que todos los lémures, es endémico de Madagascar. Lamentablemente, algunas comunidades nativas consideraban a los aye-aye como símbolo de mala suerte, por lo que a menudo les daban muerte si se los encontraban. Éste ha sido un factor importante en su declive, junto con la destrucción de su hábitat.

¿Habrá alguna manera de evitar este destino letal? La respuesta es sí, pero requiere mucho más que las medidas que hasta ahora se han tomado y que sólo abordan paliativamente los problemas que amenazan a la biodiversidad. A estas alturas necesitamos un compromiso global para tener un mejor futuro, en el cual la enfermedad sea atacada junto con los síntomas. Esto significa que deben realizarse acciones entre naciones para llegar a un acuerdo acerca de cómo lidiar con la sobrepoblación y el sobreconsumo. Estos acuerdos, en primera instancia, tienen que incluir estrategias para reducir el tamaño de las familias con el propósito de detener el crecimiento poblacional y que comience una disminución gradual de la población lo más pronto posible. Esta medida podría ser lograda si se genera una iniciativa política global para dar derechos, educación y oportunidades a las mujeres, así como proporcionar métodos anticonceptivos a todos los humanos sexualmente activos. El grado de reducción de las tasas de fertilidad que pudiera alcanzarse con sólo estas medidas es controversial, pero sin duda todas las sociedades saldrían beneficiadas. Debido al creciente oscurantismo (la pérdida de valores heredados de la Ilustración), sobre todo en Estados Unidos, existen obviamente enormes barreras culturales e institucionales para implementar estas políticas. Después de todo, no existe una sola nación donde las mujeres sean verdaderamente tratadas igual que los hombres.

Lograr controlar a la población de una manera humana será un proceso largo. Pero también sabemos, por experiencia, que los patrones de consumo pueden cambiarse prácticamente de un día para otro. Esto se demostró claramente durante la movilización y desmovilización relacionada con la Segunda Guerra Mundial. Hubo un asombroso cambio de una producción civil a una militar a lo largo de cuatro o cinco años, durante los cuales los estadunidenses padecieron escasez de bienes no perecederos y aceptaron el raciocinio de gasolina, azúcar y carne. Al igual que Estados Unidos, otros países pasaron por transiciones similares y demostraron que ellos también podían cambiar rápidamente sus patrones de consumo si la necesidad lo ameritaba. Con los incentivos adecuados, la economía claramente podría cambiar de manera profunda y rápida, aunque es obvio que para iniciar ahora un cambio similar (aunque más gradual) antes de que el público esté más consciente de nuestra disyuntiva y debido a las inquietudes sociales que surgirán, se requerirá mucho valor político. Una de las metas de este libro es facilitar esa tarea alertando a más personas acerca de la disyuntiva en la que nos encontramos.

Uno de los aspectos más tristes de esta situación es que aunque los patrones de consumo cambiaran drásticamente, el constante crecimiento poblacional por sí solo puede acabar con la civilización. Pero incluso reduciendo las tasas de natalidad de una manera humana por "debajo de los niveles de reemplazo" en regiones donde las tasas aún son altas se necesitarían de una o dos décadas para que haya un cambio significativo en la trayectoria actual de la población, y más de un siglo para reducir su tamaño a uno que pueda mantenerse a largo plazo. Aun así, esta no es razón para postergar el esfuerzo. El factor poblacional no debería ser ignorado simplemente porque es posible lograr mucho más rápido, al menos en teoría, limitar el consumo excesivo. La dificultad y el tiempo que se necesitan para cambiar las trayectorias demográficas implican que este problema debe ser considerado seriamente y lo más pronto posible.

Por supuesto que acabar con el crecimiento poblacional inevitablemente llevará a cambios en la estructura de edades con un aumento de la proporción de personas mayores. Sin embargo, eso no es excusa para quejarse de la disminución de las tasas de fertilidad, como es común en algunos círculos del gobierno europeo. La reducción del tamaño poblacional en naciones consumistas es una tendencia positiva desde la perspectiva social y de las aves y mamíferos no humanos que nos importan tanto. Una planificación sensata puede tomar en cuenta los problemas del envejecimiento de la población, por lo que debemos reducir el tamaño poblacional de los humanos de manera gradual y humana, pero ¿a cuántos? Entre mil y 2 mil millones de personas, probablemente el número en el que nos encontrábamos entre 1900 y 1920. La sociedad deberá ver pasar muchas generaciones en las cuales la población se vaya reduciendo y que también tomen esta decisión.

Asimismo, necesitamos hacernos cargo, mucho más rápido, de nuestro obsceno comportamiento consumista, mas ¿cómo podremos salir de este absurdo y autodestructivo círculo vicioso? Cada uno de nosotros debería hacer una diferencia, siendo menos destructivo con el ambiente; consumiendo y desechando menos; teniendo no más de dos hijos (preferiblemente uno por pareja); asegurándonos de que cada individuo sexualmente activo tenga acceso a anticonceptivos modernos y abortos de emergencia; apoyando los derechos de las mujeres en todas partes (lo cual no solamente es simple justicia sino que ayuda a disminuir las tasas de natalidad y provee mayores beneficios a la sociedad); promoviendo una distribución más equitativa de la riqueza en y entre naciones y, finalmente, apreciando y apoyando la biodiversidad ya sea con acciones o aportaciones monetarias.

Hacia un mejor futuro

Hemos llegado al final de este recorrido sobre el futuro de nuestros compañeros más cercanos: las aves y los mamíferos. En este libro hicimos un recuento del terrible estado en el que se encuentra nuestro planeta. No obstante, nuestro propósito no es dejarte al borde de la desesperación, pues aún hay suficiente biodiversidad y un poco de tiempo para evitar el peor desenlace. Hoy todavía existen las aves, los mamíferos, la flora y la fauna, y nosotros mismos. Por ello, justo porque aún están y estamos aquí, debes entrar en acción. ¡Sal a tu jardín, a los bosques cercanos, al Serengueti! ¡Ve a cualquier lugar donde puedas ver a estas maravillosas criaturas! También únete a la Alianza del Milenio para la Humanidad y la Biosfera (MAHB, por sus siglas en inglés), People

vs. Extinction o cualquier otra organización de conservación y colabora con otras personas que también buscan la unión de la sociedad para salvar a la biodiversidad y a la civilización.

¿Tiene actualmente nuestra civilización la voluntad y la sabiduría para cambiar su forma de ser y lograr una mejor convivencia con nuestros únicos compañeros en el universo que, además, son vitales para nuestras necesidades físicas, estéticas y éticas? Hoy, en estas condiciones, nuestra respuesta sería un "no" rotundo. Pero podemos elegir un mejor futuro y la decisión está en nosotros.

La posibilidad de salvar a las especies que nos han acompañado durante nuestra existencia en este enorme, frío e incomprensible universo depende exclusivamente de nosotros; y paradójicamente nuestro futuro depende inexorablemente del destino de estas maravillosas criaturas. Hay muchas razones para salvarlas, pero como dijo el famoso naturalista francés Jean Dorst: "La naturaleza sólo será salvada si el hombre le muestra un poco de amor simplemente por ser bella. Esto también es parte del alma humana". Aferrémonos a la posibilidad de que la humanidad restablecerá su curso y que las aves, los mamíferos y las demás hermosas criaturas y plantas silvestres continuarán siendo abundantes y variadas para sostener nuestras vidas, nutrir nuestras experiencias estéticas y animar nuestros espíritus. Trabajemos juntos para que esta posibilidad se vuelva una realidad. Lo que está en juego es el futuro de la diversidad biológica y de la humanidad.

Apéndice. Nombres comunes y científicos de plantas y animales mencionados en el libro

Abejaruco euroasiático (*Merops apiaster*)

Águila arpía (*Harpia harpyja*)

Águila calva (*Haliaeetus leucocephalus*)

Águila crestuda real (*Spizaetus ornatus*)

Águila de Haast (*Harpagornis moorei*)

Águila monera filipina (*Pithecophaga jefferyi*)

Águila real (*Aquila chrysaetos*)

Akiapolaau (*Hemignathus wilsoni*)

Akikiki (*Oreomystis mana*)

Akohekohe (*Palmeria dolei*)

Albatros de cabeza gris (*Thalassarche chrysostoma*)

Albatros de Laysan (*Phoebastria immutabilis*)

Alca común (*Alca torda*)

Alca gigante (*Pinguinus impennis*)

Alce (*Alces alces*)

Alce de Merriam (*Cervus canadensis merriami*)

Amazona frente roja (*Amazona rhodocorytha*)

Anteojitos de la Truk (*Rukia ruki*)

Antílope chirú (*Pantholops hodgsonii*)

Antílope negro o sable (*Hippotragus niger*)

Ara tricolor o guacamaya cubana (*Ara tricolor*)

Arao común (*Uria aalge*)

Árbol balsa (*Ochroma pyramidale*)

Árbol caraiba (*Handroanthus chrysotrichus*)

Árbol de cazahuate (*Ipomoea arborescens*)

Árbol del coral (*Erythrina* spp.)

Archibebe común (*Tringa tetanus*)

Ardilla roja voladora gigante (*Petaurista petaurista*)

Armiño (*Mustela erminea*)

Asno salvaje sirio (*Equus hemionus hemippus*)

Atajacaminos (*Chordeiles minor*)

Ave elefante (*Aepyornithidae*)

Avestruz (*Struthio camelus*)

Avión ribereño asiático (*Pseudochelidon sirintarae*)

Avión zapador (*Riparia riparia*)

Aye-aye (*Daubentonia madagascariensis*)

Ballena azul (*Balaenoptera musculus*)

Ballena boreal del Ártico (*Balaena mysticetus*)

Ballena franca glacial (*Eubalaena glacialis*)

Ballena gris (*Eschrichtius robustus*)

Berrendo (*Antilocapra americana*)

Bilbi menor (*Macrotis leucura*)

Bisonte americano (*Bison bison*)

Bonobo (*Pan paniscus*)

Borrego cimarrón (*Ovis canadensis*)

Broca del café (*Hypothenemus hampei*)

Búbalo (*Alcelaphus buselaphus*)

Búfalo cafre (*Syncerus caffer*)

Buitre de espalda blanca (*Gyps africanus*)

Caballo de Przewalski (*Equus ferus przewalskii*)

Cachalote (*Physeter macrocephalus*)

Cálao cariblanco (*Anthracoceros albirostris*)

Calamón takahe (*Porphyrio hochstetteri*)

Canguro rabipelado occidental (*Onychogalea lunata*)

Canguro rata del desierto (*Caloprymnus campestris*)

Capuchino rubio (*Cebus xanthosternos*)

Caraiba (*Tabebuia caraiba*)

Carbonero común (*Parus major*)

Caribú canadiense (*Angifer tarandus*)

Carpa común (*Cyprinus carpio*)

Carpintero imperial (*Campephilus imperialis*)

Carpintero real (*Campephilus principalis*)

Carricero común (*Acrocephalus* spp.)

Carricero de las carolinas (*Acrocephalus syrinx*)

Castor americano (*Castor canadensis*)

Casuario austral (*Casuarius casuarius*)

Cebra común (*Equus quagga*)

Cebra de Grévy (*Equus grevyi*)

Charlatán bugún (*Liocichla bugunorum*)

Charrán ártico (*Sterna paradisaea*)

Chimpancé común (*Pan troglodytes*)

Chipe de Bachman (*Vermivora bachmanii*)

Chochín de Santa Marta (*Troglodytes monticola*)

Chochín de Stephens (*Xenicus lyalli*)

Chorlito grande (*Charadrius biaticula*)

Chorlito llanero (*Charadrius montanus*)

Ciervo almizclero (*Moschus* spp.)

Ciervo canadiense o wapití (*Cervus elaphus*)

Ciervo de Duvaucel o barasinga (*Rucervus duvaucelii*)

Ciervo de Schomburgk (*Rucervus schomburgki*)

Ciervo del padre David o milú (*Elaphurus davidianus*)

Ciervo Moteado o axis (*Axis axis*)

Coatí (*Nasua* spp.)

Codorniz del Himalaya (*Ophrysia superciliosa*)

Cóndor californiano (*Gymnogyps californianus*)

Cormorán mancón (*Phalacrocorax harrisi*)

Cotingas (*Cotinga* spp.)

Cotorra de Carolina (*Conuropsis carolinensis*)

Cotorra puertorriqueña o iguaca (*Amazona vittata*)

Coyote (*Canis latrans*)

Cuaga (*Equus quagga quagga*)

Cuervo hawaiano (*Corvus hawaiiensis*)

Delfín chino de río o Baiji (*Lipotes vexillifer*)

Demonio de Tasmania (*Sarcophilus harrisii*)

Dodo (*Raphus cucullatus*)

Duikers (*Cephalophus* spp.)

Elefante africano o de sabana (*Loxodonta africana*)

Elefante de selva (*Loxodonta cyclotis*)

Emú (*Dromaius novaehollandiae*)

Escarabajo longicornio (*Oryctes nasicornis*)

Espina silbante (*Vachellia drepanolobium*)

Estornino de Micronesia (*Aplonis opaca*)

Estornino pinto europeo (*Sturnus vulgaris*)

Foca leopardo (*Hydrurga leptonyx*)

Foca monje del Caribe (*Neomonachus tropicalis*)

Fragatas (*Fregata* spp.)

Frailecillos (*Fratercula* spp.)

Fulmares (*Fulmarus* spp.)

Gacela suara o de Grant (*Nanger granti*)

Gacela de la India o chinkara (*Gazella bennettii*)

Gacela de Thomson (*Eudorcas thomsonii*)

Gacela persa (*Gazella subgutturosa*)

Gacela saudí (*Gazella saudiya*)

Garceta blanca (*Egretta thula*)

Garza blanca (*Ardea alba*)

Gato doméstico (*Felis catus*)

Gato montés (*Felis silvestris*)

Gaviotas (*Larus* spp.)

Guepardo asiático (*Acinonyx jubatus venaticus*)

Gibón de mejillas beige (*Nomascus annamensis*)

Golondrina común (*Hirundo rustica*)

Golondrina purpúrea (*Progne subis*)

Gorila (*Gorilla* spp.)

Gorila de montaña (*Gorilla beringei beringei*)

Gorila del río Cross (*Gorilla gorilla diehli*)

Gorila occidental (*Gorilla gorilla*)

Gorila occidental de planicie (*Gorilla gorilla gorilla*)

Gorila oriental (*Gorilla beringei*)

Gorila oriental de planicie (*Gorilla beringei graueri*)

Gorrión inglés o común (*Passer domesticus*)

Grulla de Manchuria (*Grus japonensis*)

Grulla del paraíso (*Anthropoides paradiseus*)

Grulla trompetera (*Grus americana*)

Guacamaya añil (*Anodorhynchus leari*)

Guacamaya de Spix (*Cyanopsitta spixii*)

Guacamaya jacinta (*Anodorhynchus hyacinthinus*)

Guacamaya roja (*Ara macao*)

Guepardo (*Acinonyx jubatus*)

Halcón críptico selvático (*Micrastur mintoni*)

Halcón peregrino (*Falco peregrinus*)

Hiena moteada (*Crocuta crocuta*)

Hipopótamos (*Hippopotamus amphibius*)

Hormigas (*Formicidae* spp.)

Hurón de patas negras (*Mustela nigripes*)

Iiwi (*Vestiaria coccinea*)

Indri colicorto (*indri indri*)

Jaguar (*Panthera onca*)

Kákapu o kakapo (*Strigops habroptilus*)

Kipunyi (*Rungwecebus kipunji*)

Kiwi común (*Apteryx australis*)

Kiwi café de Haast (*Apteryx haasti*)

Kiwi pardo de Okarito o rowi (*Apteryx rowi*)

Langur gris (*Semnopithecus dussumieri*)

Lémur ratón (*Microcebus* spp.)

Lémur volador (*Cynocephalus volans*)

León (*Panthera leo*)

León asiático (*Panthera leo persica*)

León de Berbería (*Panthera leo leo*)

León del Cabo (*Panthera leo melanochaitus*)

Leopardo (*Panthera pardus*)

Lobo de Hokkaido (*Canis lupus hattai*)

Lobo gris (*Canis lupus*)

Lobo mexicano (*Canis lupus baileyi*)

Lori de Ponapé (*Trichoglossus rubiginosus*)

Loris perezosos (*Nycticebus* spp.)

Loro calvo (*Pyrilia auriantocephala*)

Macaco cangrejero (*Macaca fascicularis*)

Macacos (*Macaca* spp.)

Macaco de Arunachal (*Macaca munzala*)

Manatí (*Trichechus* spp.)

Mangle negro (*Bruguiera gymnorhiza*)

Maracaná lomo rojo (*Primolius maracana*)

Mielero de Hindwood (*Lichenostomus hindwoodi*)

Mielero maorí (*Anthornis melanura*)

Mielero regente (*Anthochaera phrygia*)

Moas (*Dinornithidae* spp.)

Monarca de la Truk (*Metabolus rugensis*)

Mono araña (*Ateles geofroyi*)

Mono araña muriqui del sur (*Brachyteles arachnoides*)

Mono capuchino (*Cebus capucinus*)

Mono narigudo (*Nasalis larvatus*)

Mono chato de Birmania (*Rhinopithecus strykeri*)

Murciélago cola de vaina (*Emballonura semicaudata*)

Murciélago de la Isla de Navidad (*Pipistrellus murrayi*)

Murciélago frugívoro de Jamaica (*Artibeus jamaicensis*)

Murciélago magueyero menor mexicano (*Leptonycteris yerbabuenae*)

Murciélago mexicano cola de ratón o guanero (*Tadarida brasiliensis*)

Nilgai o Toro azul (*Boselaphus tragocamelus*)

Nutria marina (*Enhydra lutris*)

Ñandús (*Rhea* spp.)

Ñu (*Connochaetes taurinus*)

Orangutan (*Pongo* spp.)

Orangután de Borneo (*Pongo pygmaeus*)

Orangután de Sumatra (*Pongo abelii*)

Orca (*Orcinus orca*)

Ornitorrinco (*Ornithorhynchus anatinus*)

Oso bezudo (*Melursus ursinus*)

Oso hormiguero gigante (*Myrmecophaga tridactyla*)

Oso pardo (*Ursus arctos*)

Oso polar (*Ursus maritimus*)

Ostreros (*Haematopus* spp.)

Págalos (*Stercorarius* spp.)

Paíño de Guadalupe (*Oceanodroma macrodactyla*)

Paíño de Wilson (*Oceanites oceanicus*)
Paloma pasajera (*Ectopistes migratorius*)
Palomas (*Columba livia*)
Panda gigante (*Ailuropoda melanoleuca*)
Pangolín (*Manidae* spp.)
Pantera nebulosa (*Neofelis nebulosa*)
Pardela de Tasmania (*Puffinus tenuirostris*)
Pardelas de la Isla Navidad (*Puffinus nativitatis*)
Pato cabeza rosada (*Rhodonessa caryophyllacea*)
Pato poc (*Podilymbus gigas*)
Pato serrucho (*Mergus octosetaceus*)
Paují de Alagoas (*Mitu mitu*)
Pelícanos (*Pelecanus* spp.)
Perezoso de collar (*Bradypus torquatus*)
Perico del paraíso (*Psephotus pulcherrimus*)
Perico nocturno autraliano (*Pezoporus occidentalis*)
Periquito de vientre naranja (*Neophema chrysogaster*)
Perritos de la pradera de cola negra o perros llaneros (*Cynomys ludovicianus*)
Perro doméstico (*Canis lupus familiaris*)
Perro mapache (*Nyctereutes procyonoides*)
Perro salvaje africano o licaón (*Lycaon pictus*)
Perro salvaje indio o dole (*Cuon alpinus*)
Petrel de Murphy (*Pterodroma ultima*)
Pingüino barbijo (*Pygoscelis antarctica*)
Pingüino de Adelaida (*Pygoscelis adeliae*)
Pingüino de las Galápagos (*Spheniscus mendiculus*)
Pingüino emperador (*Aptenodytes forsteri*)
Pingüino papúa (*Pygoscelis papua*)
Pingüino rey (*Aptenodytes patagonicus*)

Piquigordo de garganta blanca (*Saltator grossus*)
Playero común (*Calidris alpine*)
Playero de Tuamotu (*Prosobonia cancellatus*)
Potoro de cara ancha (*Potorous platyops*)
Puma (*puma concolor*)
Primate nocturno (*Aotus* spp.)
Quetzal (*Pharomachrus mocinno*)
Rascón de Guam (*Gallirallus owstoni*)
Rata del Pacífico o polinesia (*Rattus exulans*)
Rata gris (*Rattus norvegicus*)
Rata inca (*Cuscomys oblativus*)
Rata maclear (*Rattus macleari*)
Rata negra (*Rattus rattus*)
Ratón de patas blancas (*Peromyscus* spp.)
Rinoceronte blanco (*Ceratotherium simum*)
Rinoceronte de Java (*Rhinoceros sondaicus*)
Rinoceronte de Sumatra (*Dicerorhinus sumatrensis*)
Rinoceronte Indio (*Rhinoceros unicornis*)
Rinoceronte negro (*Diceros bicornis*)
Rinoceronte negro occidental (*Diceros bicornis longipes*)
Saiga (*Saiga tatarica*)
Salangana de las Carolinas (*Aerodramus inquietus*)
Sambar (*Rusa unicolor*)
Serpiente arbórea marrón (*Boiga irregularis*)
Skuas (*Stercorariidae* spp.)
Tahr del Nilgiri (*Nilgiritragus hylocrius*)
Tambalacoque (*Sideroxylon grandiflorum*)
Tangará de mejillas negras de Santa Marta (*Anisognathus melanogenys*)
Tangara siete colores (*Tangara fastuosa*)
Tapacaminos (*Antrostomus vociferus*)
Tarpán (*Equus ferus ferus*)
Tecolote llanero (*Athene cunicularia*)

Tigre (*Panthera tigris*)
Tigre de Bali (*Panthera tigris balica*)
Tigre de Java (*Panthera tigris sondaica*)
Tigre de Tasmania o tilacino (*Thylacinus cynocephalus*)
Tigre del Caspio o persa (*Panthera tigris virgata*)
Tigre del sur de China (*Panthera tigris amoyensis*)
Tigre siberiano (*Panthera tigris altaica*)
Tití del Caquetá (*Callicebus caquetensis*)
Tití león cara negra (*Leontopithecus caissara*)
Tití plateado (*Mico argentatus*)
Topi (*Damaliscus korrigum*)
Tucán (Familia Ramphastidae)
Ualabí de Grey (*Macropus greyi*)
Ualabí liebre del centro (*Lagorchestes asomatus*)
Ualabí oriental (*Lagorchestes leporides*)
Uñas de gato (*Uncaria* spp.)
Vaca marina de Steller (*Hydrodamalis gigas*)
Vaquita marina (*Phocoena sinus*)
Venado cola blanca (*Odocoileus virginianus*)
Venado de las pampas (*Ozotoceros bezoarticus*)
Vencejo espinoso (*Chaetura pelagica*)
Zanate del río Lerma (*Quiscalus palustris*)
Zarapito esquimal (*Numenius borealis*)
Zarapitos (*Numenius* spp.)
Zifio peruano (*Mesoplodon peruvianus*)
Zorrita del desierto (*Vulpes macrotis*)
Zorro de las Malvinas o guará (*Dusicyon australis*)
Zorro rojo (*Vulpes vulpes*)
Zorro volador de Guam (*Pteropus tokudae*)
Zorro volador de las Marianas (*Pteropus mariannus*)
Zorro volador de Palau (*Pteropus pilosus*)
Zorro volador oscuro de Mauricio (*Pteropus niger*)

Lecturas recomendadas

Para complementar el contenido de este libro o por el simple gusto de darte el placer de leer algo, hemos seleccionado algunos libros, artículos y videos. Si quisieras obtener más información sobre este tema o revisar nuestras fuentes, las plataformas como Google Scholar son excelentes para hacer este trabajo y además no necesitamos cargarte con una larga lista de referencias técnicas. En esta edición en español hemos incorporado algunas lecturas de nuestros trabajos publicados después de 2014.

Prólogo

Ceballos, G., A. García, P. R. Ehrlich. 2010. The sixth extinction crisis: Loss of animal populations and species. *Journal of Cosmology* 8: 1821-1831. Una muestra acerca de nuevos descubrimientos y extinciones actuales de vertebrados.

Ceballos, G., P. R. Ehrlich, A. D. Barnosky, A. García, R. M. Pringle, & T. M. Palmer. 2015. Accelerated modern human-induced species losses: Entering the sixth mass extinction. *Science Advances* 1(5), e1400253. Este artículo estableció de manera contundente que hemos entrado a la sexta extinción masiva, provocada por las actividades del hombre. Las tasas de extinción actuales son de 100 a 1,000 veces más altas que las de los últimos millones de años.

Dirzo, R., H. Young, M. Galetti, G. Ceballos, N. J. Issac, B. Collen. 2014. Anthropocene defaunation. *Science* 345: 401-406. Un excelente artículo sobre las causas y efectos de la pérdida de poblaciones de vertebrados.

Ehrlich, P. R., A. H. Ehrlich. 2009. *The Dominant Animal: Human Evolution and the Environment*. 2a. ed. Island Press, Washington, D.C. Un vistazo general sobre el impacto de los humanos en el medio ambiente.

Flannery, T. 2001. *A Gap in Nature: Discovering the World of Extinct Animals*. Atlantic Monthly Press, Nueva York. Una buena introducción a los hermosos y poco usuales animales que ya no están entre nosotros. Las ilustraciones son muy bellas.

Kolbert, E. 2014. *The Sixth Extinction: An Unnatural History*. Henry Holt, Nueva York. Una descripción increíblemente escrita, casi poética, del destino de la biodiversidad.

Capítulo 1. El legado

Bodsworth, F. 2011 (1954). *The Last of the Curlews*. Counterpoint Press, Berkeley, California. Una triste historia con un epílogo a la nueva edición por Murray Gell-Mann, ganador del premio Nobel de Física y erudito en aves.

Carroll, S. B. 2009. *Remarkable Creatures: Epic Adventures in the Search for the Origins of Species*. Mariner Books, Boston. Un compendio de ensayos interesantes sobre grandes científicos y sus descubrimientos, que incluye un buen resumen acerca de la extinción masiva del Cretácico.

Daily, G. C. 1997. *Nature's Services: Societal Dependence on Natural Ecosystems*. Island Press, Washington, D.C. La fuente fundamental sobre la teoría y práctica de los servicios ambientales.

Roberts, C. 2013. *The Ocean of Life: The Fate of Man and the Sea*. Penguin Group, Nueva York. El mejor libro de interés general acerca del estado de los océanos. Contiene infomación sobre temas que van desde el origen de la vida hasta los impactos del plástico y del ruido en los animales marinos.

Shucker, K. P. N. 2012. *The Encyclopaedia of New and Rediscovered Animals: From the Lost Ark to the New Zoo—and Beyond*. Coachwhip Publications, Greenville, Ohio. Una gran compilación sobre la increíble organización de nuevas especies de animales descubiertas o vueltas a descubrir en las últimas dos décadas.

Wilson, E. O. 1993. *The Diversity of Life*. Harvard University Press, Cambridge, Mass. Un excelente libro sobre la diversidad biológica, su función y las consecuencias de su extinción por un gran conservacionista.

Capítulo 2. Extinciones naturales

Leopold, A. 1966. *A Sand County Almanac, with Essays from Round River*. Ballantine Books, Nueva York. Un libro sobre la conservación grandiosamente escrito.

MacLeod, N. 2013. *The Great Extinctions: What Causes Them and How They Shape Life*. Firefly Books, Londres. Una historia fascinante sobre las extinciones naturales.

Capítulo 3. El Antropoceno

Ceballos, G., P. R. Ehrlich y R. Dirzo. 2017. Biological annihilation via the ongoing sixth mass extinction signaled by vertebrate population losses and declines. *Proceedings of the National Academy of Sciences* 114:1-8 E6089-E6096. El mejor estudio sobre la extinción de poblaciones y sus repercusiones para la humanidad.

Diamond, J. M. 1997. *Guns, Germs, and Steel: The Fates of Human Societies*. W. W. Norton, Nueva York. Una fuente de primera mano acerca de cómo las culturas humanas se diferencian y de cómo se formó el sistema moderno que hoy está destruyendo a la biodiversidad.

Ehrlich, P. R. 2000. *Human Natures: Genes, Cultures, and the Human Prospect*. Island Press, Washington, D.C. La evolución genética y cultural de nuestras especies.

Ehrlich, P. R., A. H. Ehrlich. 1981. *Extinction: The Causes and Consequences of the Disappearance of Species*. Random House, Nueva York. Un trabajo pionero sobre el tema.

Martin, P. S., R. Klein. 1989. *Quaternary Extinctions: A Prehistoric Revolution*. University of Arizona Press, Tucson. Un trabajo clásico sobre el impacto de las invasiones humanas en la biodiversidad.

Capítulo 4. Cantos silenciados

Ceballos, G., P. R. Ehrlich y P. H. Raven. 2020. Vertebrates on the brink as indicators of biological annihilation and the sixth mass extinction. *Proceedings of the National Academy of Sciences* 1-7 doi:10.1073/pnas.1922686117. Una compilación y análisis de los vertebrados mas amezados, inclyendo aves y mamíferos.

Donald, P., *et al.* 2010. *Facing Extinction: The World's Rarest Birds and the Race to Save Them*. Poyser, Londres. Una compilación hecha por expertos acerca del conteo de especies y de esfuerzos de conservación.

Fuller, E. 2001. *Extinct Birds*. Comstock Publishing Associates, Ithaca, Nueva York. Un panorama mundial triste sobre las especies de aves extintas.

Fuller, E. 2014. *Lost Animals: Extinction and the Photographic Record*. Princeton University Press, Princeton, Nueva Jersey. Para muchos de nosotros ver fotografías de especies extintas es una experiencia muy conmovedora.

Greenway, J. C. 1967. *Extinct and Vanishing Birds of the World*. Dover Publications, Nueva York. Una muestra clásica sobre las características, habitats y otras particularidades de las aves extintas y en peligro de extinción.

Quammen, D. 1997. *The Song of the Dodo: Island Biogeography in an Age of Extinctions*. Scribner, Nueva York. Una increíble lectura e introducción a las ideas más importantes sobre la especiación de los organismos, su distribución y cómo se extinguen.

Capítulo 5. Aves en apuros

Para más infomación acerca del estado actual de toda la avifauna del mundo, busca en inglés "vanishing birds" o "threatened birds" en la siguiente liga: www.iucnredlist.org/

Snyder, N. F. R., D. E. Brown, K. B. Clark. 2009. *The Travails of Two Woodpeckers: Ivory-Bills and Imperials*. University of New Mexico Press, Albuquerque. Una muy buena historia sobre dos de las aves americanas más carismáticas. Ambas han sido reportadas vivas, aunque es probable que estén extintas.

Wilcove, D. S. 1999. *The Condor's Shadow: The Loss and Recovery of Wildlife in America*. W. H. Freeman, Nueva York. Un resumen excelente y fácil de leer sobre la conservación en Estados Unidos.

Capítulo 6. Mamíferos perdidos

Una lista de los mamíferos que se han extinto en tiempos históricos: www.petermaas.nl/extinct/lists/mammals.htm

Allen, G. M. 2012 (1942). *Extinct and Vanishing Mammals of the Western Hemisphere, with the Marine Mammals of All of the Oceans*. Hardpress Publishing, Nueva York. Un maravilloso recuento histórico sobre los mamíferos extintos en tiempos históricos ahora disponible en libro de bolsillo.

Ceballos, G. (ed.). 2014. *Mammals of Mexico*. Johns Hopkins University Press, Baltimore. Recomendamos particularmente leer el resumen introductorio sobre extinciones en México.

Hornaday, W. T. 1913. *Our Vanishing Wild Life*. New York Zoological Society, Nueva York. Una narración maravillosa sobre los primeros esfuerzos en Estados Unidos para salvar mamíferos amenazados como el bisonte.

Johnson, C. 2007. *Australia's Mammal Extinctions: A 50,000-Year History*. Cambridge University Press, Cambridge, Reino Unido. Un resumen bien escrito sobre la extinción de mamíferos en Australia; el continente donde históricamente han ocurrido la mayor cantidad de extinciones de mamíferos.

Tuvey, S. 2009. *Witness to Extinction: How We Failed to Save the Yangtze River Dolphin*. Oxford University Press, Oxford. Un recuento sobre la triste y reciente extinción de un delfín de aguadulce "único".

Capítulo 7. Mamíferos en peligro

Para más información sobre el estado actual de las especies de mamíferos del mundo, busca en inglés "mammals" en la siguiente liga: www.iucnredlist.org/

Estes, J. A., *et al.* (eds.). 2006. *Whales, Whaling, and Ocean Ecosystems*. University of California Press, Berkeley. Si te interesa saber más sobre la situación de los mamíferos marinos, también lee el libro de Callum Roberts (arriba).

Matthiessen, P. *Tigers in the Snow*. 2001. North Point Press, Nueva York. La historia del críticamente amenazado tigre siberiano narrada por un escritor magnífico.

Capítulo 8. ¿Por qué todo importa?

Carson, R. 1962. *Silent Spring*. Houghton Mifflin, Boston. Después de todos estos años y de los continuos ataques de los mercenarios de la industria de pesticidas, todavía vale la pena leerlo.

Wotton, D. M., D. Kelly. 2011. Frugivore loss limits recruitment of large-seeded trees. *Proceedings of the Royal Society* B 278: 3345-3354. Un excelente experimento que demuestra que la preocupación por las plantas que pierden a sus aves dispersoras de semillas está justificada.

Capítulo 9. Causas de la extinción

Si buscas un panorama general acerca de la crisis climática, en Skeptial-science podrás encontrar información excelente y confiable: www.skepticalscience.com/

Barnosky, A. 2009. *Heatstroke: Nature in an Age of Global Warming*. Island Press, Washington, D.C. Una muestra maravillosa desde el punto de vista de un importante paleontólogo.

Cribb, J. 2014. *Poisoned Planet: How Constant Exposure to Manmade Chemicals Is Putting Your Life at Risk*. Allen and Unwin, Crows Ncst, NSW, Australia. Una brillante y aterradora revisión de una de las amenazas más importantes para la biodiversidad: la toxificación de la Tierra. Recomendamos especialmente leer la parte sobre nanotecnología.

Klare, M. T. 2012. *The Race for What's Left: The Global Scramble for the World's Last Resources*. Metropolitan Books, Nueva York. Una excelente presentación de la situación global de los recursos y no necesitarás ser un científico especializado para ver lo que esta situación significa para el otro impulsor principal del problema: el consumo excesivo por parte de los ricos.

Michaux, S. 2013. *Peak mining*, www.youtube.com/watch?v=TFyTSiCXWEE. Esta lectura encarna el mensaje del libro de Klare.

Oreskes, N., E. M. Conway. 2010. *Merchants of Doubt: How a Handful of Scientists Obscured the Truth on Issues from Tobacco Smoke to Global Warming*. Bloomsbury Prcss, Nueva York. Un maravilloso volumen que detalla las actividades de los bien organizados y pagados agentes de las industrias poco éticas.

Weisman, A. 2013. *Countdown: Our Last, Best Hope for a Future on Earth?* Little, Brown, and Company, Nueva York. Un excelente y reciente panorama sobre el problema de la sobrepoblación.

Capítulo 10. Más allá del duelo

Diamond, J. 2005. *Collapse: How Societies Choose to Fail or Succeed*. Viking, Nueva York. El mejor libro de interés general acerca de lo que puede ocurrirle a las sociedades cuando se meten en un problema ecológico.

Ehrlich, P. R., A. H. Ehrlich. 2013. Can a collapse of civilization be avoided? *Proceedings of the Royal Society B*, http://rspb.royalsocietypublishing.org/content/280/1754/20122845. Lo que necesita hacerse para prevenir el colapso que quizá destruya a una gran parte de lo que queda de las poblaciones de aves y mamíferos.

Ehrlich, P. R., R. E. Ornstein. 2010. *Humanity on a Tightrope: Thoughts on Empathy, Family, and Big Changes for a Viable Future*. Rowman & Littlefield, Nueva York. Algunos pensamientos acerca de cómo cambiar la dirección en que se dirije la sociedad.

Kareiva, P., *et al.* (eds.). 2011. *Natural Capital: Theory and Practice of Mapping Ecosystem Services*. Oxford University Press, Oxford, Reino Unido. Un buen panorama sobre los servicios ambientales.

Tainter, J. A. 1988. *The Collapse of Complex Societies*. Cambridge University Press, Cambridge, Reino Unido. El mejor libro técnico acerca de cómo detectar cuando un colapso está por pasar.

Índice

Créditos de fotografías e ilustraciones

Las fotografías de los siguientes fotógrafos aparecen en las siguientes páginas:

Scott Altenbach, en *Los mamíferos silvestres de México*, Fondo de Cultura Económica-CONABIO, México, 132, 142; Bristol City Museum/NPL/Minden Pictures 75; Gerardo Ceballos, 22, 27, 30-31, 34, 35, 37, 38-39, 66, 90-91, 100, 113, 117, 121, 125, 134, 137, 146, 155, 158, 164, 177; Gerardo Ceballos y Paul R. Ehrlich, 46, 49, 51; Claudio Contreras Koob, 24-25, 40-41, 64, 72, 94; Paul R. Ehrlich, 9, 152-153, 164, 179, 180, izquierda; Chris Fertnig/Thinkstock, 78-79; Peter Harrison, Apex Expeditions, 180, derecha; John Hessel, 139, 183; Jack Jeffrey Photography, 57, 133, superior e inferior, 165; Frans Lanting / www.lanting.com, 14-15, 33, 58-59, 68, superior e inferior, 70, 75, 86, 102, 111, 115, 118, 120, 128-129, 149, 156, 161, 163, 172-173, 188; Carl Lumholtz, en *Las aves de México en peligro de extinción*, Fondo de Cultura Económica, México, 48; Susan McConnell, 19, 20-21, 28, 89, 99, 106-107, 109, 175; New York Zoological Society, 84; Alexander Pari, 17, superior; Roberto Quispe, 17, inferior; Roland Seitre/NPL/Minden Pictures, 80; Lynn M. Stone/NPL/Minden Pictures, 63; Jorge Urbán, 92.

Las ilustraciones de Ding Li Yong aparecen en las siguientes páginas: 44, 52, 54, 82, 83.

Fotografía de portada: gorila de montaña (Gerardo Ceballos).

Fotografías de contraportada *(de izquierda a derecha y de arriba abajo)*: lémur ratón nocturno (Susan McConnell); gorila de planicie (Susan McConnell); panda gigante (Frans Lanting); rinoceronte negro (Susan McConnell); pingüino emperador (Frans Lanting).